Über den Autor

Maximilian Jonitz, psychologischer Berater, Ökonom, Autor und MPU-Experte, bereitet seit 2015 Klienten auf die MPU vor. Mit mehr als 350 erfolgreich begleiteten Klienten und einer Quote von über 97% bestandener MPUs zählt er zu den besten Vorbereitern auf die MPU und hat als Vorreiter des digitalen MPU-Coachings das System maßgeblich revolutioniert.

Das 2021 erstmals in gedruckter Form erschiene MPU-Vorbereitungsbuch von M.Jonitz für die Alkohol- bzw. Drogen-MPU gilt bis heute als Goldstandard der MPU-Vorbereitung und ist der meistgelesene MPU-Ratgeber auf Amazon.

Zur Webseite

Medizinisch Psychologisches Gutachten: Vorbereitung auf die Alkohol-MPU

Zweite,

Aktualisierte Auflage (2023)

Maximilian Jonitz

Impressum

www.MPU-Vorbereitung-Digital.de

Info@MPU-Vorbereitung-Digital.de

Elsässer Straße 7

48151, Münster

ISBN: 9789403648026

Cover & Illustrationen: Maximilian Jonitz

Herausgeber: Maximilian Jonitz

Inhalt

Vorwort zur zweiten Auflage

Lieber Leser, liebe Leserin
Niemals hätte ich mit einer so extremen Resonanz auf die erste Auflage gerechnet – das Interesse an meinen Büchern hat mich wirklich überwältigt und das entgegengebrachte Vertrauen, sowie die vielen Zuschriften und Online-Bewertungen freuen mich bis heute jeden Tag & erfüllen mich mit Stolz und Zufriedenheit. Vielen Dank!

Nun haben es die Beurteilungskriterien in der vierten Auflage notwendig gemacht, auch meine Bücher zu überarbeiten und den veränderten Grundlagen Rechnung zu tragen. Ferner habe ich seit Veröffentlichung der ersten Auflage stets ein Auge darauf gehabt, wo ich noch genauer beschreiben sollte und wo eventuell noch Fragen ungeklärt bleiben.

Dafür möchte ich mich bei allen Lesern bedanken, die nach der Lektüre meines Buches noch Vorbereitungen, Nachbereitungen und Kurse bei mir absolviert haben. Denn eure Wissenslücken waren gewissermaßen auch Schwächen in meinen Büchern und ich habe versucht an entsprechenden Stellen gewissenhaft nachzuarbeiten. Ferner habe ich einige neue Kapitel aufgenommen, um ein noch breiteres und vollständigeres Wissen über die MPU und wie man sie besteht, zu vermitteln.

Zuletzt möchte ich auch der neu hinzugewonnenen CO-Autorin und Psychologin der zweiten Auflage, Frau Dr. Vica Tomberge danken, die mir dank unermüdlichem Einsatz stets mit großartiger Expertise, Rat und Tat zur Seite stand. Dein Wissensschatz und deine hervorragenden Kenntnisse zur Psychologie und im Speziellen die Art und Weise, wie du logische Zusammenhänge innerhalb der (gesundheits)-psychologischen Prozesse hast erklären und darstellen können, suchen ihresgleichen! Was du zu diesem Buch und auch meiner persönlichen Entwicklung hast beigetragen ist in Gold nicht aufzuwiegen und dafür möchte ich noch einmal – auch im Namen aller Leser, die so enorm von deinem Wissen profitieren – Danke sagen. Danke!

Münster, 14.10.2023

Vorwort zur ersten Auflage

Lieber Leser, liebe Leserin

Vorab möchte ich mich für das entgegengebrachte Vertrauen bedanken. Ich weiß, dass du dich in einer höchst misslichen Situation befindest – du musst zur MPU. Entweder, um deinen Führerschein zurückzubekommen, oder ihn behalten zu dürfen. Beide Fälle sind sehr stressig und nervenaufreibend. Da ich seit vielen Jahren Klienten auf die MPU vorbereite, habe ich eine Vorstellung, wie du dich gerade fühlst. Aufgebracht, verwirrt, verunsichert, verängstigt – das ist ganz normal.

Zum einen, weil vom Führerschein privat und beruflich viel abhängt. Zum anderen, weil die MPU bis heute ein von Mythen und Legenden umranktes Tabuthema ist, von dem alle schon einmal gehört haben, mit der sich aber nur die Wenigsten wirklich auskennen. Glücklicherweise hast du dich zum Erwerb dieses Buchs entschieden, in welchem du lernen wirst, wie du deine MPU bestehst. Dafür ist es von Vorteil, wenn du erst einmal alles vergisst, was du jemals über den „Idiotentest" gehört hast. Da die Wenigsten, die zur medizinisch psychologischen Untersuchung müssen wirklich „Idioten" sind, werde ich diesen Begriff auch nicht weiter benutzen.

Die meisten Geschichten, die man zur MPU gehört hat, sind schlicht unwahr. Einige dieser Mythen, die mir in meiner Laufbahn bereits untergekommen sind, möchte ich kurz anführen: Allesamt beängstigende Geschichten, denen sich meine Klienten haltlos ausgeliefert sahen.

Eine junge Frau fragte mich z.B. beim Erstkontakt, also dem Kennenlernen, wie sie denn „die Aufgabe mit den drei Kugeln" lösen solle. Auf meine verwirrte Nachfrage erwiderte sie, dass sie von einem Bekannten gehört hätte, in der MPU lägen auf dem Tisch zwischen Klienten und Psychologen drei Kugeln. Der Psychologe bittet nun den Klienten, die Kugeln zu stapeln – und sobald man das versucht, sei man durchgefallen. Denn man sei ja offenkundig ein Idiot.

Ein anderer Klient hatte größte Sorgen bezüglich der Tür zum Gesprächsraum. Denn er war felsenfest überzeugt zur Begrüßung gebeten zu werden, die Tür hinter sich zu schließen. Sofern man die Tür bereits geschlossen hatte und sich dennoch umdreht, sei man – du ahnst es bereits – ein Idiot und dementsprechend durchgefallen.

Solche Horrorgeschichten kursieren in reger Menge, aber sie sind allesamt frei erfunden. Denn bei der MPU handelt es sich um eine staatlich angeordnete und streng an Vorschriften gebundene ärztlich bzw. psychologische Untersuchung – und weniger um den Test, ob man ein Idiot ist.

Dennoch ist es sicherlich kein Leichtes, die MPU zu bestehen – ohne entsprechende Vorbereitung halte ich es für nahezu unmöglich, ein positives Gutachten zu bekommen. Zudem sind Ehrlichkeit, Selbstreflexion und der Mut zuzugeben, dass man zurecht in der MPU sitzt, notwendige Voraussetzungen auf deinem Weg zurück zum Führerschein. Denn niemand, der die Aufforderung für ein medizinisch psychologisches Gutachten erhält, bekommt diese grundlos. Musst du zur MPU, hast du Mist gebaut. Punkt. Das ist übrigens die erste notwendige Erkenntnis, um die MPU zu bestehen – denn auch, wenn du vollkommen der Überzeugung bist, dass unberechtigterweise an deiner Fahrtauglichkeit gezweifelt wird, wirst du in deiner MPU zugeben müssen, dass die Zweifel an deiner Fahrtauglichkeit absolut berechtigt waren. Ohne dieses Geständnis wirst du die MPU wahrscheinlich nicht bestehen.

Münster, 23.03.2021

Kapitel 1: Was ist die MPU?

Die medizinisch psychologische Untersuchung (MPU) soll klären, ob der zu begutachtende Klient fahrtauglich ist. „Der Klient" bist du. Fahrtauglichkeit ist eine Grundvoraussetzung für den Besitz eines Führerscheins und ist gleichzeitig die attestierte Fähigkeit, ein Fahrzeug sicher zu führen. Musst du zur MPU, hat das Straßenverkehrsamt Zweifel an deiner Fahrtauglichkeit. Diese Zweifel werden meist durch Auffälligkeiten im Straßenverkehr mit Alkohol oder Drogen begründet. Z.B., weil du betrunken einen Unfall gebaut hast. Für ein positives Gutachten musst du diese begründeten Zweifel beseitigen. Du musst und wirst in deiner MPU also beweisen, dass du sicher in der Lage bist ein Fahrzeug zu führen.

Hierfür ist die MPU grundsätzlich immer in drei Teilen gegliedert: die medizinische Untersuchung durch einen Arzt, die generelle Leistungsüberprüfung an einem Computer und die psychologische Untersuchung durch den Psychologen. Der letzte Teil, also die Unterhaltung mit dem Psychologen, ist der alles entscheidende, der über Bestehen oder nicht Bestehen der MPU entscheidet. Es liegt nahe, dass die MPU-Vorbereitung sich hauptsächlich mit diesem Teil befasst.

Die medizinische Untersuchung

Ziel der medizinischen Untersuchung ist herauszufinden, ob du körperlich in der Lage bist ein Fahrzeug zu führen bzw. ob medizinische Beeinträchtigungen vorliegen, die dagegensprechen. Das ist in der Regel erst nach langjährigem Drogen- oder Alkoholmissbrauch der Fall. Es wird ein Anamnesegespräch geführt, in dem dich der Arzt zu allgemeinem Gesundheitszustand, Drogen- und Alkohol-, sowie Medikamentenkonsum befragt. Normalerweise wird auch Blut entnommen, um deine Angaben zu überprüfen. Anschließend kann es sein, dass du noch einige körperliche Aufgaben lösen sollst. Also beispielsweise mit dem Zeigefinger bei geschlossenen Augen deine Nase berühren, oder auf einer geraden Linie laufen. Der medizinische Teil kann kaum bis gar nicht beeinflusst werden und jeder, der ein Auto fahren möchte, sollte ohne Weiteres in der Lage sein, diese Untersuchung zu bestehen.

Der Leistungstest

Dieser Teil deiner MPU besteht aus einem Reaktions- bzw. einem Leistungstest. Hierfür befindest du dich allein vor einem Computer und musst kleine Rätsel bzw. Spiele lösen. Der Test dauert ca. 20 Minuten und du hast vor jedem Test Zeit zu üben bzw. zu überprüfen, ob du die Aufgabe korrekt verstanden hast. Mögliche Aufgaben sind beispielsweise das Auflösen eines Linienwirrwarrs (Wo endet Linie 1?), oder das Einblenden von verschiedenen Verkehrszeichen, die anschließend aus dem Gedächtnis heraus wiedererkannt werden müssen. Auch dieser Teil muss dir keine Sorge bereiten, denn aktuell sind nur 15 % der möglichen Punkte notwendig, um zu bestehen. Der niedrigste Wert, den jemals einer meiner Klienten erreicht hat, lag bei 73 % – es ist nahezu unmöglich, hier nicht zu bestehen. Und, falls deine MPU doch an diesem Teil der Untersuchung scheitert, solltest du zur allgemeinen Sicherheit wirklich kein Auto führen.

Der psychologische Teil

Der letzte Teil, die psychologische Untersuchung, ist mit Abstand die wichtigste Untersuchung der MPU. Er ist für über 95 % der nicht bestandenen MPUs verantwortlich. Dieses Gespräch dauert in der Regel ca. eine Stunde, ist mit 20 Minuten bis zu zwei Stunden aber sehr variabel. Die Dauer deiner Untersuchung sagt hierbei nichts über den Ausgang aus. Im Endeffekt kommt es in der MPU fast nur auf diesen Teil an. Daher befasst sich deine MPU-Vorbereitung normalerweise fast ausschließlich mit der psychologischen Untersuchung. Das ist in diesem Buch genauso. Am Ende deiner Vorbereitung wirst du wissen, wie die psychologische Untersuchung aufgebaut ist, worum es geht und wie du sie bestehst.

Die Aufgaben des Psychologen

Grundsätzlich hat dein Verkehrspsychologe in der MPU drei Aufgaben: Erstens muss er eine Problemdiagnose abgeben, zweitens deine Veränderung einschätzen und drittens eine Prognose deiner Fahrtauglichkeit für die Zukunft erstellen. Er wird dich nicht auf die verschiedenen Teile hinweisen und auch keinen festen Fragenkatalog abarbeiten. Die psychologische Untersuchung findet im offenen Dialog statt. Sie ist also eigentlich nur eine lange Unterhaltung zwischen dir und dem Psychologen.

Der Psychologe führt mit Fragen unauffällig das Gespräch und du solltest offen und ehrlich antworten – eben deine persönliche Geschichte erzählen, nach den Aspekten, die für die MPU wichtig sind. Deine persönliche Geschichte und welche Aspekte du besonders betonen solltest, werden wir in diesem Buch gemeinsam erarbeiten. Nach Abschluss deiner Vorbereitung wirst du deine Geschichte anhand eines roten Fadens im Kopf haben und genau wissen, welche Aspekte bei welchem Teil unbedingt gesagt werden müssen, und welche eher nicht.

Dafür ist es von Vorteil, zu verstehen, wie die psychologische Untersuchung funktioniert. Der Verkehrspsychologe muss zu einer Einschätzung deiner Person kommen. Im Anschluss kann er ein Gutachten über deine Fahrtauglichkeit erstellen. Er ist hierbei an die Vorgaben der StVO., die von der Bundesanstalt für Straßenwesen (BASt) herausgegebenen „Begutachtungsleitlinien zur Kraftfahreignung" und den hunderten Seiten schweren Band „Urteilsbildung in der Fahreignungsdiagnostik - Beurteilungskriterien", herausgegeben von der Deutschen Gesellschaft für Verkehrspsychologie (DGVP) und der Deutschen Gesellschaft für Verkehrsmedizin (DGVM), gebunden. In diesen findet sich das regulatorische Gesetzeswerk, das genau bestimmt, wann, wie und unter welchen Umständen eine MPU positiv bzw. negativ ausfällt. Meine Vorbereitung orientiert sich maßgeblich an diesen beiden Werken. Zudem ist, besonders bei ärztlich diagnostizierten psychischen Erkrankungen, die Anlage 4 zu §§ 11 13 14 FEV eine wichtige Vorschrift, die du dir einmal angesehen haben solltest.

Erste Aufgabe: Diagnose

Die Diagnose bewertet, warum du zur MPU musst und wie schwer deine problematische Alkoholauffälligkeit ist. Erste Anhaltspunkte erhält der Psychologe bereits aus deiner Akte vom Straßenverkehrsamt, weitere aus eurem Gespräch. Im Zuge der Diagnose wirst du einer A(lkohol)-Hypothese zugeordnet. Ferner gibt es auch noch die D- und V-Hypothesen für Drogen und Verhaltensauffällig. Die A-Hypothesen sind offensichtlich Schwerpunkt dieses Buchs.

Nachdem du einer Hypothese zugeordnet worden bist, entscheidet der Psychologe über den Härtegrad deiner Auffälligkeit, wobei 1 das jeweils Härteste und dementsprechend auch die schwierigste MPU bedeutet.

Hypothese A1 wäre beispielsweise die härteste Kategorie für eine Alkohol-MPU: eine diagnostizierte Alkoholabhängigkeit, also eine Alkoholsucht. Es liegt auf der Hand, dass ein trinkender Alkoholiker nicht fahrtauglich ist und dementsprechend ein negatives Gutachten zu erwarten hat. Allerdings hat er die Möglichkeit, seine Sucht in den Griff zu bekommen und gemäß den in der oben genannten Literatur festgehaltenen Vorschriften gewisse Kriterien zu erfüllen, um wieder als fahrtauglich zu gelten. Die Vorschriften für A1 sind recht anspruchsvoll und verlangen u.a. eine mindestens einjährige Abstinenz und eine abgeschlossene Suchttherapie. Eine MPU mit Einordnung in Hypothese A3 ist dementsprechend leichter und mit weniger notwendigen Voraussetzungen zu bestehen.

Zweite Aufgabe: Veränderungsanalyse

Die Beurteilung dieser Kriterien ist die nächste Aufgabe des Verkehrspsychologen: die Veränderungsdiagnostik. Hier wird geprüft, ob du eine Veränderung vollzogen hast und dadurch deine Fahrtauglichkeit wiederhergestellt wurde. Du musst also in deinem Gespräch mit dem Psychologen genau solche Dinge sagen, die es ihm erlauben, die für deinen Fall geforderten Kriterien als erfüllt anzusehen. Ob ein Kriterium erfüllt ist, entscheidet der Psychologe anhand von Indikatoren. Ein Kriterium kannst du dir wie eine Art Checkliste vorstellen. Darauf aufgezählt sind verschiedene Plus- und Minuspunkte. Sagst du etwas, was als positiver Indikator aufgeführt ist, gibt das einen Pluspunkt für dich. Du findest vergleichbare Checklisten an einigen Stellen in diesem Buch zur Kontrolle und zum Überprüfen deiner persönlichen MPU-Geschichte.

Diesen Mechanismus möchte ich dir anhand eines Beispiels etwas näher erklären: Kommt ein ehemals alkoholabhängiger Klient zur MPU, ist er der Hypothese A1 zuzuordnen. Somit lautet für ihn das erste notwendige Kriterium, um die MPU zu bestehen: *Konsequenter Verzicht auf Alkohol.* Ob der Klient dieses Kriterium erfüllt, kann der Psychologe anhand 13 einzelner Indikatoren prüfen. Das ist z.B. Indikator 1):

*Ich trinke seit **mindestens** 12, **normalerweise** 15, Monaten keinen Alkohol mehr*

Oder Indikator 12):

*Ich kann den **Moment** meines **Abstinenzentschlusses** genau beschreiben. (Datum, Zeitpunkt, Gedanken und Motivation)*

Ist die Mehrzahl von Indikatoren erfüllt (es müssen nicht alle erfüllt sein), gilt das Kriterium als erfüllt. Ein ehemaliger Alkoholiker sollte also unter anderem, gemäß Indikator 1 und 12, einen Abstinenznachweis von mindestens 12 Monaten haben und in seiner Geschichte detailliert den Moment beschreiben, in dem er sich für dauerhafte Abstinenz entschieden hat.

Dritte Aufgabe: Prognose

Die ersten beiden Teile kann der Psychologe nun für eine Prognose benutzen. Dafür muss er dein zukünftiges Verhalten einschätzen. Maßgeblich entscheidend ist, ob der Psychologe deine Veränderung auch als *stabil* ansieht. Damit deine Prognose als stabil bewertet wird, sind deine *Motivation zur Veränderung* und neu *erlernte Verhaltensstrategien* maßgeblich. Entscheidend für den Ausgang deiner MPU ist also die von dir vorgetragene Motivation, warum du dein Verhalten geändert hast und wie du die Verhaltensänderung umgesetzt hast. Also mit welchen neuen Verhaltensmustern, Sichtweisen und Einstellungen du es geschafft hast, dich zu verändern – und wie du diese Strategien einsetzten willst, um zukünftig ein vernünftiges, fremdorientiertes (Fahr-) Verhalten an den Tag zu legen.

Um deine Alkohol-MPU sicher zu bestehen, ermitteln wir also zuerst die Schwere deiner Auffälligkeit in Form einer A-Hypothese (A1-A4). Anschließend zeige ich dir, welche notwendigen Veränderungen von dir verlangt werden, um deine MPU zu bestehen. Diese Veränderungen dokumentierst du, indem du deine eigene Geschichte verfasst. Diese kannst du am besten digital anlegen und stetig erweitern und verfeinern. Am Anfang reichen auch Stichpunkte. Zuletzt überprüfen wir, ob du alle Kriterien für ein positives Gutachten erfüllst. Das geschieht mit Hilfe der in Kapitel 5 aufgeführten Checklisten, wo alle notwendigen Bausteine für deine mögliche Geschichte aufgeführt werden.

Diese Checklisten umfassen die verschiedenen Kriterien und zugeordnete Indikatoren übersichtlich in Tabellenform. Sie sind die Blaupause für den Inhalt deiner persönlichen Geschichte, also was du in der psychologischen Untersuchung der MPU sagen solltest.

Als Beispiel möchte ich hier die das Kriterium H0 anführen, das für jede MPU *zwangsläufig* erfüllt sein muss. H0 verlangt, dass du dich in der MPU offen und kooperativ verhältst und deine Angaben weitestgehend widerspruchsfrei sind. Ferner, dass deine Aussagen sich mit der medizinischen Überprüfung decken. Kriterien 1-6 zu erfüllen, ist also Grundvoraussetzung für dich, um deine MPU zu bestehen. Erfüllst du einen der Indikatoren nicht, kannst du fast sicher von einem negativen Gutachten ausgehen. Es ist also absolut notwendig, offen, kooperativ und auskunftsbereit in dem Gespräch zu sein.

Grundkriterien für ein positives Gutachten

H0: Ich mache die Erhebung erforderlicher Befunde möglich und meine Aussagen sind verwertbar	
Kriterium	**erfüllt?**
Ich kooperiere in einem situationsangemessenen Maß	☐
Ich akzeptiere behördliche Bedenken und helfe diese auszuräumen, statt auf Irrtümer oder mir angetanes Unrecht zu beharren	☐
Ich bin gesprächsbereit und gebe dem Psychologen alle (Hintergrund)-Informationen, die er zur Problem- und Verhaltensanalyse benötigt	☐
Meine Aussagen sind im Wesentlichen frei von inneren Widersprüchen	☐
Meine Angaben widersprechen weder wissenschaftlichen Erkenntnissen noch der Aktenlage	☐
Meine Angaben widersprechen den medizinischen / Leistungsbefunden nicht	☐

Das H0 Kriterium definiert also, was von jedem MPU-Klienten stets erwartet werden kann und darf. Nämlich, dass du ehrlich, offen und selbstkritisch in die MPU gehst. Du kommst sozusagen als Bittsteller in die Untersuchung, daher wird man von dir dem eine gewisse Kooperationsbereitschaft und Demut erwarten. Trotz, Stolz oder Abwehrhaltung im Gespräch mit dem Gutachter sorgen eigentlich stets für ein negatives Gutachten. Außerdem sorgt das Kriterium dafür, dass der medizinische Regelfall gilt und, bei Abweichung, der Einzelfall gut erklärt werden muss.

Hast du beispielsweise mit zwei Promille keine Ausfallerscheinungen gehabt, spricht das für eine starke Toleranzbildung gegenüber Alkohol. Erklärst du nun in der MPU nur einmal alle paar Monate überhaupt Alkohol zu konsumieren, steht das im Widerspruch zum gängigen wissenschaftlichen Konsens – du fällst also durch. Sollte dein Fall diesem Konsens widersprechen, musst du also unbedingt ganz genau erklären, warum dem so ist, und warum der Psychologe dir – im Einzelfall – entgegen dem Stand der Wissenschaft, Glauben schenken muss.

Ein weiteres Beispiel wäre jemand, der nur ein einziges Mal in seinem Leben überhaupt betrunken ein Fahrzeug geführt und dann zufällig kontrolliert worden ist. Das ist schlicht unwahrscheinlich. Sollte das auf dich zutreffen, musst du – glaubhaft und eigenmotiviert (also nicht auf Nachfrage) – erklären, warum man dir glauben sollte. Möglich wäre in etwa:

Ich weiß, dass es eigentlich nicht sein kann und darf, dass jemand bei der einzigen Trunkenheitsfahrt zufällig erwischt wird und Sie eigentlich glauben müssen, dass ich Sie anlüge. Aber es ist nun mal die Wahrheit und ich möchte hier heute nunmal die Wahrheit sagen.

An dieser Stelle sei auch gleich darauf hingewiesen, dass deine Geschichte der Aktenlage nicht widersprechen darf – und du dich daher unbedingt um deine Akte vom Straßenverkehrsamt kümmern musst!

Die Sache mit der Wahrheit

Ich werde oft gefragt, ob man in der MPU die Wahrheit sagen muss. Auch liest man oft den Ratschlag in der MPU unbedingt die Wahrheit zu sagen. Dem stimme ich grundsätzlich zu. Denn zum einen ist es viel einfacher die Wahrheit zu erzählen, als eine Lügengeschichte aufzutischen. Und zum anderen kann ein ausgebildeter Psychologe durchaus mal erkennen, wenn er angelogen wird. Daher ist es einfacher, deine Geschichte für die MPU um die Wahrheit herum aufzubauen. Allerdings kann und darf die Wahrheit auch manchmal etwas zurechtgebogen werden, zumal die Beurteilungskriterien sich das teilweise selbst zuzuschreiben haben. So rutschst du als Alkoholkonsument automatisch in eine höhere Kategorie, wenn du in der MPU zugibst, mal einen Blackout gehabt oder dich wegen Alkohol übergeben zu haben.

Ferner wirst du in der MPU schwerer eingeschätzt, wenn du in deiner Alkohol-MPU auch gelegentlichen Cannabiskonsum zugibst. Wenn du Mischkonsum von Marihuana und Alkohol in der MPU zugibst, ist diese ohne einjährigen Abstinenznachweis von beiden Substanzen fast nicht zu bestehen. Das ist a) sehr teuer und b) einfach zu vermeiden. Daher solltest du im Kapitel Diagnose gut aufpassen, was du sagst und was du besser für dich behältst. Gerade in Hinblick auf Drogen folgt die Gesetzgebung einer recht antiquierten Einschätzung und einer sehr rigoros suppressiven Linie. Daher heißt die Devise für die MPU: Grundsätzlich bei der Wahrheit bleiben, diese darf und muss aber ab und an gestreckt und gedehnt werden.

Brauche ich einen Abstinenznachweis?

Ein weiterer Klassiker unter den MPU-Vorbereitungsfragen. Man kann leider nicht pauschal ja oder nein dazu sagen – es hängt immer von deinem persönlichen Fall ab. Genauer davon, welcher Hypothese du zu zuordnen bist. Jemand, der wegen der A1 Hypothese zur MPU eingeladen wird, muss zwangsläufig einen Abstinenznachweis vorlegen. Aber auch für die anderen Fälle ist ein Abstinenznachweis grundsätzlich zu empfehlen. Mit Abstinenznachweis wird die MPU einfach einfacher. Bzw. ohne ist sie deutlich schwerer.

Der Regelfall sind 12 nachgewiesene abstinente Monate. Theoretisch sind manchmal auch 6 Monate möglich. Du vereinfachst dir dein Gutachten, wenn du einen (langen) Abstinenznachweis mitbringst, auch wenn er in manchen Fällen nicht notwendigerweise erforderlich gewesen wäre. Willst du auf Nummer sicher gehen, mach einen Abstinenznachweis über 12 Monate. Du benötigst keinen Abstinenznachweis, wenn du die MPU mit kontrolliertem Trinken versuchen möchtest. Das ist für die Hypothesen A3 und A4 gut und für A2 ganz theoretisch möglich, aber eine der schwersten MPUs überhaupt. Deswegen ist kontrolliertem Trinken auch ein eigenes Kapitel gewidmet.

Vorbereitung vor der Vorbereitung

Für deine MPU ist es unabdingbar, dass du beim Straßenverkehrsamt deine Akte einforderst. Denn in dieser sind alle Informationen, die das Amt über dich bereits gesammelt hat, enthalten. Sie ist zudem Grundlage für den Verkehrspsychologen in deiner Untersuchung. Er erhält die Akte, um sich auf euer Gespräch - also deine MPU - vorzubereiten. Anhand der Vermerke und Eintragungen kann er bereits eine erste These aufstellen, welcher Hypothese du zuzuordnen bist.

Zudem überprüft er anhand deiner Akte die Glaubwürdigkeit deiner Aussagen, die gemäß Grundkriterien *„im Wesentlichen frei von inneren Widersprüchen"* sein müssen. Bist du also beispielsweise bereits im Jahr 2016 mit Alkohol am Steuer erwischt worden und das ist vermerkt, du verschweigst den Vorfall aber in deiner MPU, bist du bereits durchgefallen. Alle Eintragungen in deiner Akte sind dem Gutachter bekannt und beeinflussen seine Diagnose maßgeblich – daher ist es unabdingbar, dass du dich mit deiner Akte vorbereitest!

Leider gibt es innerhalb der Bundesländer unterschiedliche Regelungen und Handhabungen im Umgang mit der Akte. Bei einigen Ämtern reicht es, telefonisch eine Kopie anzufordern, bei anderen muss man persönlich erscheinen oder kann die Akte via E-Mail anfordern. Ich empfehle dir, einfach den Sachbearbeiter, der dir die Aufforderung zur MPU geschickt hat, anzurufen und ihn zu fragen, wie du an deine Akte oder eine Kopie davon, kommst. Am besten machst du das jetzt direkt – ohne die Akte keine MPU-Vorbereitung. Das bedeutet du bekommst weder ein positives Gutachten noch deinen Führerschein zurück!

Wie deine Vorbereitung funktioniert

Im Zuge deiner Vorbereitung wirst du deine eigene, persönliche MPU-Geschichte formulieren. Du kannst am Anfang nur Stichworte führen, spätestens vor deiner Untersuchung solltest du einmal deine ganze Geschichte aufgeschrieben und auswendig gelernt haben. In deiner MPU führst du ein offenes Gespräch mit dem Psychologen – und du willst ihm deine Geschichte, wie wir sie erarbeitet haben, **aktiv erzählen** und dabei möglichst nichts vergessen. Denn sie deckt alles ab, was er hören muss, um dir ein positives Gutachten zu erteilen.

Ich rate dringend dazu, dass du die Geschichte intensiv übst, z.B., indem du sie dir allein erzählst, oder Freunden oder deinem Partner vorträgst. Deine Geschichte, die wir erarbeiten, ist für die MPU optimiert. Einige Teile halte ich selbst für übertrieben und du wirst dich fragen, was zur Hölle der ein oder andere Teil mit deiner Fahreignung zu tun hat. Ich habe die Regeln und Vorgaben nicht gemacht und finde einiges im MPU-System sehr fragwürdig. Doch Thema dieses Buchs ist, wie du deine MPU bestehst, nicht, ob das System funktioniert oder vernünftig ist.

Daher gehe ich darauf auch nicht weiter ein und bitte dich, mir zu vertrauen. Das bedeutet, alles in der Vorbereitung **ernst** zu nehmen und deine Arbeitsaufträge gewissenhaft umzusetzen. Ansonsten wird deine Geschichte eventuell nicht für ein positives Gutachten reichen.

Deine MPU-Geschichte merkst du dir am besten anhand eines roten Fadens. Er besteht aus vier Fragen, an denen sich auch meine Vorbereitung orientiert. Sie lauten:

- Was war früher?
- Was war am Tag des Führerscheinentzugs?
- Was ist heute?
- Was ist in Zukunft?

Wobei die ersten beiden der **Problemdiagnostik** und die anderen beiden Fragen der **Veränderungsdiagnostik** zuzuordnen sind. Jeder Verkehrspsychologe in jeder MPU in der gesamten Bundesrepublik orientiert sich an diesem Schema und richtet das psychologische Gespräch daran aus.

Mit Hilfe deiner Akte vom Straßenverkehrsamt sowie deiner ehrlichen Selbstreflexion werden wir im ersten Teil eine Diagnose stellen, dich also in eine passende A-Hypothese einordnen. Hier musst du dich intensiv mit deinem Alkoholkonsum auseinandersetzen. Du wirst aufarbeiten, wann du mit dem Trinken angefangen hast, wie viel und was du getrunken hast. Außerdem, warum und in welchen Situationen bzw. mit wem du Alkohol konsumiert hast.

Nachdem du dein Konsummuster aufgearbeitet hast, betrachten wir die Gründe für deinen Konsum. Das ist der Anfang des zweiten Teils – der Veränderungsdiagnostik. Denn bevor man etwas verändert, muss man erstmal eine Einsicht haben. Und über diese Einsicht wird ein Prozess gestartet, an dessen Ende du bei Frage 3 (Was ist heute) stehst. Wobei sich das „Heute" auf den Tag deiner MPU bezieht – du wirst, zumindest ein Stück weit, an diesem Tag ein anderer Mensch sein als heute, an dem Tag, an dem du diese Zeilen zum ersten Mal liest.

Konsumgründe zu finden ist für das Bestehen der MPU **unbedingt** notwendig. Du magst denken, du hast beispielsweise viel Alkohol getrunken, weil er dir geschmeckt hat, oder weil alle anderen auch so viel getrunken haben. Zum einen belügst du dich wahrscheinlich selbst – zum anderen ist mit dieser „Argumentation" eine MPU schlicht nicht zu bestehen. Ohne nachvollziehbare Gründe für deinen überhöhten Konsum und das damit zusammenhängende Zugeständnis, ein mindestens problematisches Konsumverhalten gehabt zu haben, wirst du bei der MPU immer durchfallen. So leid es mir tut und so schwer dir das fallen mag, du musst in der MPU zugeben, ein Problem gehabt zu haben. Ansonsten ist dir das negative Gutachten sicher.

Nachdem wir also die Gründe für dein problematisches Alkoholkonsummuster gefunden haben, werden wir gesündere Lösungsstrategien erarbeiten. Diese fallen unter die letzte Frage (Was ist in Zukunft?). Diese Lösungsstrategien sind notwendig, denn nur mit ihnen kannst du nach MPU-Theorie zukünftige Trunkenheitsfahrten zuverlässig vermeiden.
Eine beliebte Lösungsstrategie ist etwa Sport. Wenn du beispielsweise früher Alkohol in Situationen konsumiert hast, denen ein Streit mit deinem Partner vorausgegangen ist, gehst du nach erfolgreicher MPU-Vorbereitung einfach raus joggen. Du rennst dir den Frust also von der Seele – statt ihn mit Alkohol zu betäuben.

Im letzten Teil hast du die Möglichkeit, anhand der aufgeführten Checkliste, deine ausformulierte Geschichte zu überprüfen und eventuell noch um einige, Pluspunkte einbringende, Aspekte zu ergänzen.

Was du noch tun kannst

Oft werde ich gefragt, wie man sich optimal auf die MPU vorbereitet. Nun; viele Wege führen nach Rom. Dieses Buch zu lesen ist ein wertvoller erster Schritt. Für manche kann die Lektüre allein schon reichen, um die MPU zu bestehen. Für andere reicht das Buch allein aber noch nicht aus. Für ein rundum „Gutes Gefühl" fehlt ihnen noch eine gewisse Unterstützung, andere benötigen noch weitere Hilfe, um überhaupt zu bestehen. Das können Einzelstunden beim MPU-Berater oder auch mein Videokurs (zu finden auf meiner Webseite) sein.

Notwendig

Du musst deinem MPU-Begutachter deine persönliche Geschichte präsentieren. Diese muss notwendigerweise einen Veränderungsprozess beinhalten. Dieser ist im Großen und Ganzen Inhalt dieses Buches. Ich empfehle grundsätzlich, um mit der Vorbereitung zu beginnen:

Lies dieses Buch. Zweimal. Beim ersten Lesen geht es um ein Verständnis des großen Ganzen, hier solltest du maximal kleine Notizen machen. Ich rate allerdings dazu, beim ersten Mal Lesen garnichts mitzuschreiben. Das solltest du erst beim zweiten Mal machen – ich nenne es das Durcharbeiten.

Während des Durcharbeitens solltest du deine Geschichte bereits (zumindest in Stichworten) vorformulieren / erstellen. Es lohnt sich beim ersten Mal Lesen auf Mitschreiben zu verzichten – denn irgendwie bauen alle Teile aufeinander auf und du solltest wissen, wie deine Einsicht aus den ersten Kapiteln mit den neuen Lösungsstrategien aus den späteren Kapiteln in Verbindung steht, bevor du sie formulierst.

Arbeiten mit dem Buch - das erste Mal Lesen:

Wahrscheinlich weißt du über die MPU noch kaum etwas. Das erste Lesen soll dir die Angst nehmen und du sollst die Struktur der Vorbereitung und worauf es ankommt verstehen – darauf soll dein Fokus liegen. Versuche zu verstehen, was den innerpsychologischen Veränderungsprozess ausmacht, den du durchlaufen musst, um die MPU zu bestehen. Überlege beim Lesen, ob du dich irgendwo wieder findest, oder wo du denkst *Hey, das kommt mir bekannt vor / das trifft ja irgendwie auch auf mich zu.*

Arbeiten mit dem Buch: das zweite Mal Lesen:

Beim zweiten Lesen solltest du deine persönliche Geschichte erarbeiten – also Stück für Stück die Kapitel durcharbeiten und deine Geschichte erstellen. Das hat übrigens Zeit und ist eher ein laufender Prozess. So gibt es nach dem zweiten Kapitel (Einordnung in die Hypothese) einen kleinen logischen Schnitt:

Denn aufbauend auf deiner Einordnungshypothese musst du entsprechende Schritte erfüllen, um letzten Endes die MPU zu bestehen. Außerdem ist gerade in diesem – sensiblen – Kapitel etwas Zeit zur Reflexion und zur Ehrlichkeit mit dir selbst angebracht. Denn viele MPU-Delinquenten sehen in der MPU letztlich nur einen qualvollen Zwang, um (wieder) am Straßenverkehr teilnehmen zu können.

Doch nachdem ich mehr als hundert Klienten persönlich geholfen habe, kann ich dir garantieren: Jeder, der zur MPU muss, sollte, der eigenen (psychischen) Gesundheit zur Liebe, einmal ehrlich seinen Konsum hinterfragen. Du bewegst dich im gesundheitlich zumindest fragwürdigen, wenn nicht gar schädlichen Gebrauch.

Dabei möchte ich gar nicht die Moralkeule schwingen – meiner bescheidenen Meinung nach gehören Drogen (auch Alkohol ist eine Droge) zur Menschheit und zur Zivilisation dazu und können großartigen persönlichen, sogar therapeutischen Nutzen haben. Und dennoch bergen sie auch ernstzunehmende gesundheitliche wie psychische Gefahren.

Und du, der du zur MPU musst, hast in jedem Fall diese Grenze überschritten. Also versuche das Ganze nicht nur als notwendiges Übel zu sehen, sondern im besten Fall etwas über dich selbst zu lernen.

Ich hoffe, dass du – auch nachdem du deine MPU bestanden hast – ein geschärftes Bewusstsein für deine eigenen Befindlichkeiten und deinen eigenen Drogenkonsum hast. Also bewusst verzichten, oder eben auch konsumieren, und dir stets ehrlich beantworten kannst:

Konsumiere ich gerade aus Spaß, oder renne ich vor irgendwelchen Gefühlen, Belastungen oder Verantwortungen weg, die ich verdrängen möchte?

Im Idealfall bis an den Rest deines Lebens.

Das Durcharbeiten des Buches ist also der erste richtige Schritt in deiner MPU-Vorbereitung. Parallel dazu kannst, bzw. musst du deinen Abstinenznachweis machen.

Ferner findest du auch noch ein (riesiges & unübersichtliches) Angebot an Einzelstunden, Vorbereitungs-, Gruppen- und Videokursen etc. Hier musst du letzten Endes das Angebot finden, das zu dir passt und bei dem du dich wohlfühlst. Der innerpsychische Veränderungsprozess betrifft deine intimsten und sensibelsten Gedanken und Gefühlswelten – das kann man am besten mit jemandem besprechen, zu dem man einen Zugang hat, bei dem man sich wohlfühlt. Das muss nicht unbedingt ein Verkehrspsychologe sein, es kann auch der MPU-Vorbereiter aus der Google-Suche sein. Du solltest allerdings bei der Suche nach Angeboten immer auf dein Bauchgefühl hören. Frage dich, ob du das Gefühl hast, dass dir gerade etwas verkauft wird, oder ob deine Bedürfnisse und deine persönliche MPU, deine persönliche Geschichte, im Zentrum stehen. Aggressives Marketing und „Geld-zurück-Garantien" sind Signale für eher zweifelhafte Angebote.

Reicht das Buch für eine positive MPU?

Das kommt darauf an. Wenn du es gewissenhaft durcharbeitest, ehrlich zu dir selbst bist, deine Akte vom Straßenverkehrsamt studierst und einen gewissen Fleiß an den Tag legst, kann die Arbeit mit dem Buch vollkommen ausreichen, um deine MPU zu bestehen.

Grundsätzliches

Ich stelle dir in diesem Buch alle Härtegrade und Lösungsstrategien für die Alkohol-MPU vor. Je kleiner die Ziffer, umso schwieriger wird deine MPU. Eine MPU mit der Einordnung A1 – Alkoholsucht ist beispielsweise kaum ohne professionelle psychotherapeutische Aufarbeitung der Problematik zu bestehen.

Ich kann verstehen, dass es daher reizvoll erscheint, sich weniger schlimm darzustellen, um vom Psychologen in eine einfachere Kategorie eingeordnet zu werden. Du musst jedoch bedenken, dass dem Psychologen deine Führerscheinakte bekannt ist und innere Widersprüche sofort zu einer negativen MPU führen. Außerdem sollte das Bestehen der MPU nicht dein einziges Ziel in der Vorbereitung sein. Jeder, der zur MPU muss, hat höchstwahrscheinlich auch tatsächlich ein Problem mit Suchtstoffen.

Die MPU-Vorbereitung kann dir helfen, dieses Problem zu identifizieren und zu besiegen. Auch wenn du gerade noch in einer Abwehrhaltung stecken magst *(„Es ist eine Unverschämtheit/ ungerecht, dass ich zur MPU muss“),* hoffe ich, dass du am Ende dieses Buchs eine andere Sicht auf deinen Alkoholkonsum gewonnen und du einen gesünderen und vernünftigeren Umgang mit Alkohol erlernt hast. Du hast den Rest des Lebens noch vor dir – möchtest du den wirklich mit einem problematischen Konsumverhalten von Suchtstoffen bestreiten?

Falls du also nach Kapitel zwei zu dem Ergebnis gekommen bist, dass sich dein Konsummuster in einer A 1/2 Hypothese, oder höher als ursprünglich erwartet, einordnen lässt, möchte ich dich bitten, das zu akzeptieren. Es mag dir eventuell sinnvoll erscheinen, dich selbst als weniger „schlimm“ darzustellen, da dann eventuell ein weniger langer Abstinenznachweis gefordert wird, du weniger Kosten stemmen musst oder früher deinen Führerschein wiedererlangst.

Im Endeffekt belügst du dich dann jedoch selbst und erschwerst dir die MPU, da du immer aufpassen musst, um dich nicht zu „verplappern".

Du hast die Chance die MPU als Neuanfang zu nehmen und ehrlich an dir zu arbeiten – ich garantiere dir, dass es sich lohnt. Du wirst glücklicher, erfolgreicher und zufriedener werden. Außerdem ist ehrliche Selbstreflexion der sicherste Weg zurück zur Fahrerlaubnis.

Solltest du versuchen, anhand dieses Buchs den Psychologen in deiner MPU zu überlisten, indem du dein Leben und deine Geschichte so anpasst, dass sie auf eine niedrigere Hypothese passen – das mag im Einzelfall möglich sein. Die Allermeisten werden sich aber in Widersprüchen verstricken oder vom Psychologen beim Lügen ertappt werden. Viele werden daran scheitern, sich selbst zu belügen. Ein ehrlicher Umgang mit dir selbst ist der einfachste Weg zurück zum Führerschein.

Zusammengefasst

Die MPU besteht aus drei Teilen. Entscheidend ist das Gespräch mit dem Psychologen und die Vorbereitung befasst sich ausschließlich mit diesem Teil. Für deine MPU lernst du deine eigene Geschichte anhand eines roten Fadens mit vier Fragen auswendig. Um deine Geschichte zu formulieren, musst du wissen, in welche Hypothese du eingeordnet wirst. Für die Einordnung sind deine Führerscheinakte und dein Alkoholkonsum maßgeblich entscheidend. Für eine bestandene MPU musst du alle Kriterien für deine jeweilige Hypothese erfüllen. Ein Kriterium gilt als erfüllt, wenn der Großteil der zugeordneten Indikatoren erfüllt ist. Entscheidend ist die Einsicht, etwas falsch gemacht zu haben. Deswegen musst du zur MPU und hast dich und dein Verhalten verändert.

Im Wesentlichen geht es dabei um folgende Aspekte: Du musst deine Fahrauffälligkeit(en) beschreiben (jene, die zur MPU führte und ggf. alle weiteren aktenkundigen Auffälligkeiten) und erklären, warum vergleichbare Vorfälle in Zukunft nicht mehr passieren werden. Das liegt daran, dass sich deine Einstellung (grundlegend) geändert hat und du (schwierige) Gegebenheiten anders (besser) verarbeitest. Es geht also um Tatsachenbeschreibung & deine stabile Änderung von Einstellung und Verhalten. Jeder, der die MPU bestehen möchte, muss dem Psychologen klarmachen, dass er einen bestimmten Prozess in einer bestimmten Reihenfolge durchlaufen hat. Er besteht *immer* aus den folgenden Stufen:

- Einsicht in ein problematisches Verhalten
- Motivation zur Veränderung
- Lern- und Änderungsprozesse
- Erlernen wirksamer Selbstkontrollstrategien
- Stabilität dank positivem Erleben der Veränderungen
- Antizipation möglicher Hindernisse und effektive Lösungsmechanismen

Der notwendige Prozess für ein positives Gutachten

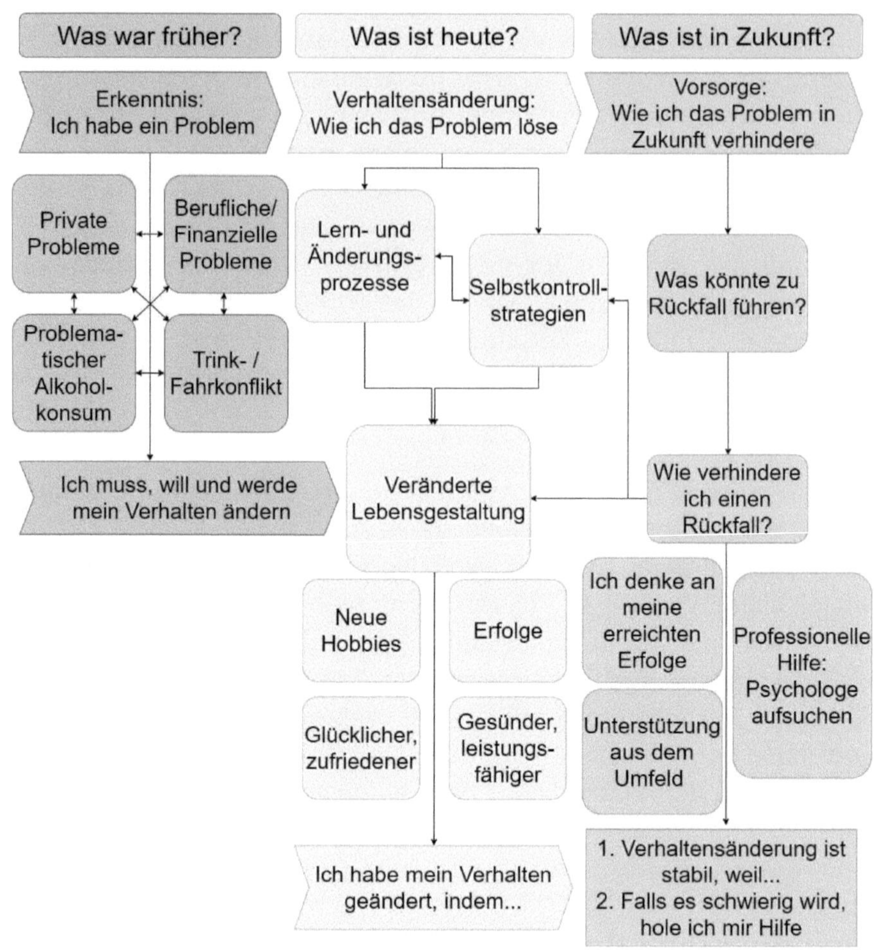

Weitere Fragen vor der Vorbereitung

Was muss ich schnell erledigen?

Du benötigst deine Akte des Straßenverkehrsamtes. Diese musst du beantragen. Am besten heftest du die Kopie oder ausgedruckte Fotos direkt mit allen anderen MPU-Unterlagen zusammen. Du wirst diese noch oft benötigen. Brauchst du einen Abstinenznachweis (was wahrscheinlich ist) muss der Vertrag sofort unterschrieben werden. Nachträglich kann keine Abstinenz bescheinigt werden. Das bedeutet, deine Abstinenz wird erst ab dem Tag gezählt, an dem du das Labor beauftragst. Daher musst du direkt einen Termin mit einem Labor vereinbaren, um deinen Nachweis nicht unnötig zu verlängern.

Brauche ich einen Abstinenznachweis?

Abhängig der Schwere deiner (bekannten) Drogen- bzw. Alkoholkarriere. Fällst du unter Hypothese 1 oder 2, brauchst du definitiv einen Abstinenznachweis. Andernfalls ist er zumindest wünschenswert. Eine MPU mit Abstinenznachweis ist immer leichter als ohne und 12 Monate sind besser als 6. Sofern auch Drogendelikte bekannt sind, brauchst du definitiv einen Abstinenznachweis. Ich rate immer zu einem 12-monatigen Abstinenznachweis.

Mein Vergehen ist sehr lange her – was ändert sich?

Eigentlich ändert sich nichts. Einzig, dass du behaupten kannst, den Prozess schon vor vielen Jahren durchlaufen zu haben, ist durchaus ein Vorteil. Du brauchst dennoch einen Abstinenznachweis und eine intensive Vorbereitung. Auch auf die Frage, wie du bislang ohne Führerschein von A nach B gekommen bist, solltest du eine Antwort haben. („*Ich bin ohne Führerschein gefahren*" ist keine gute Antwort.)

Sollte ich einen Anwalt hinzuziehen?

Das kommt immer drauf an. Wenn du eine Rechtsschutzversicherung hast, solltest du das unbedingt tun. In jedem Fall gibt der Anwalt normalerweise eine kostenlose Ersteinschätzung und Meinung ab. Wenn er kein verlogener Halunke ist, wird er dir schon mitteilen, ob er dir wirklich weiterhelfen kann.

Kann ich meine Strafe verringern?

Ja. Es lohnt sich eigentlich fast immer, eine Stellungnahme abzugeben und ein bisschen auf die Tränendrüse zu drücken. Erkläre dem Staatsanwalt, dass du einsiehst, einen schlimmen Fehler gemacht zu haben und das sehr bereust. Dann schreibst du noch Gründe, warum du nicht in der Lage bist, den geforderten Betrag zu zahlen. Ich kenne einen Studenten, der seinen Bußgeldbescheid von 1200 € auf 0 € gedrückt hat, in dem er einen 3-seitigen Brief geschrieben hat. Hier geht es allerdings ausschließlich um die juristischen Aspekte, also Anzeige, Anklage und Verurteilung wegen Ordnungswidrigkeit oder Straftat. Die Anordnung der MPU hat mit der Judikative wenig zu tun und obliegt der Führerscheinstelle. Diese muss eben, um die Allgemeinheit vor dir zu schützen, deine Fahrtauglichkeit überprüfen – unabhängig davon, ob du ein nettes Entschuldigungsschreiben verfasst hast. Die MPU wird immer kommen und es gibt keinen anderen Weg zurück zum Führerschein, als die MPU zu bestehen.

Muss ich bei der MPU die Wahrheit sagen?

Nein, aber eine möglichst nahe Orientierung an der Wahrheit ist vorteilhaft und wünschenswert.

Kapitel 2: Diagnostik und Einordnung in eine Hypothese

Am Anfang der eigentlichen Untersuchung sowie deiner MPU-Vorbereitung steht die Diagnostik bzw. die Anamnese. Das bedeutet, dass überprüft wird, wie schwer dein Fall ist, also wie stark dein Alkoholkonsum bzw. Alkoholproblem ausgeprägt ist und ob der Alkohol bereits bleibende Schäden angerichtet hat.

Dieses Kapitel verfolgt zwei wichtige Ziele: Zum einen werden hier die ersten zwei Fragen (Was war früher und was war am Tag des Führerscheinentzugs) beantwortet. Zum anderen wirst du dich im Anschluss in die entsprechende A-Hypothese zuordnen können.

Was war früher?

„Was war früher?“ ist die erste Frage in deinem roten Faden und der Beginn deiner persönlichen Geschichte. Die Inhalte dieses Kapitels solltest du also unbedingt aufschreiben! Denn in der MPU wirst du dich mit dem Psychologen über die Vergangenheit unterhalten. Also deine Kindheit, deine Jugend und besonders den Zeitraum, bevor es zu deinem Führerscheinentzug gekommen ist. Hier steht zum einen Privates im Vordergrund, also eventuell, wo du aufgewachsen bist, was du für Hobbys hast, wie deine Schul- und Ausbildung sowie dein beruflicher Werdegang aussehen. Zum anderen geht es um deinen Alkoholkonsum. Hier erinnere ich erneut an die Akte des Straßenverkehrsamtes. Denn die Akte liegt dem Psychologen vor – wenn du über deine Vergangenheit sprichst und ein aufgeführtes Delikt vergisst, ist das sehr schlecht für deine MPU, du bist nahezu durchgefallen. Hier geht es hauptsächlich, aber nicht ausschließlich, um die Alkoholdelikte. Auch aus z.B. regelmäßigen Geschwindigkeitsübertretungen werden Rückschlüsse gezogen. Daher brauchst du als ersten Schritt in deiner Vorbereitung **unbedingt** deine Akte bzw. eine Kopie des Straßenverkehrsamtes!

Im 1. Teil „Was war früher“ muss der Psychologe herausfinden, in welche Hypothese er dich einordnen kann: Es gibt Hypothese A1-A4, wobei A1 (Alkoholabhängigkeit) die schwerste MPU bedeutet und A3 die leichteste. A4 ist eine Sonderkategorie für alle, die wegen eines

Delikts auf einem fahrerlaubnisbefreiten Fahrzeug erwischt wurden, also beispielsweise auf dem Fahrrad oder einem E-Scooter.
Im Rahmen dieses ersten Teils deiner persönlichen Geschichte möchtest du bereits die ersten Pluspunkte für dein Gutachten sammeln. Das schaffst du, indem du dem Psychologen klarmachst, dass du:

- ✓ Dich intensiv mit deiner (Trink)Vergangenheit auseinandergesetzt hast.
- ✓ Dein problematisches (Trink-, Fahr-, Konsum-) Verhalten erkannt hast.
- ✓ Die negativen Konsequenzen erkannt hast.
- ✓ Dieses frühere Verhaltensmuster bereust.

Diese vier Punkte sind unfassbar wichtig für deine MPU! Wie du dem Psychologen vermittelst, dass du sie auch erfüllst, lernst du im folgenden Teil.

Alkoholkonsum in der Vergangenheit

Du musst zur MPU wegen deines problematischen Verhältnisses zu Alkohol. In der Untersuchung möchte der Psychologe sehen, dass du dich mit deinem Konsumverhalten intensiv auseinandergesetzt hast. Das belegst du, indem du deinen Konsum genau beschreiben kannst. Das bedeutet, deine Geschichte enthält im ersten Teil (Was war früher?) Antworten auf folgende Fragen:

- ➢ In welchem Alter hast du mit dem Trinken angefangen?
- ➢ Wie häufig hast du getrunken?
- ➢ Was hast du in welchen Mengen getrunken?
- ➢ Mit wem hast du getrunken?
- ➢ In welchen Situationen hast du getrunken?
- ➢ Warum hast du getrunken?
- ➢ Bist du öfter betrunken gefahren?
- ➢ Hast du heimlich oder morgens getrunken?

Spätestens jetzt ist es an der Zeit, mit Notizen anzufangen: Schreibe dir die Antworten auf die Fragen unbedingt auf. Sie sind der erste Teil für deine persönliche MPU-Geschichte.

Du hast dich also umfangreich mit deinen früheren Konsumgewohnheiten auseinandergesetzt und kannst sie dem Psychologen genau erklären. Wichtig im Zuge dieser Auseinandersetzung ist die **Problemeinsicht**. Denn der Psychologe erwartet von dir, dass du eine Problematik erkannt hast. Das ist der entscheidende Punkt: Warum habe ich Alkohol getrunken? Antworten wie *„aus Langeweile"*, *„weil alle anderen auch getrunken haben"*, oder, *„weil es cool war"* sind kontraproduktiv und bedeuten eigentlich sicher ein negatives Gutachten.

Der Psychologe erwartet im Rahmen deines Veränderungsprozesses, dass du dir dein(e) Problem(e) eingestehst. Salopp gesagt wird die Wahrscheinlichkeit für ein positives Gutachten immer höher, umso krasser dein angegebener Grund für den Alkoholkonsum ist. Das liegt an der Logik der Gutachten: Jeder, der wegen Alkohol zur MPU muss, hat auch ein **Problem** mit der Droge. Das bedeutet nicht zwangsläufig, dass du Alkoholiker gewesen bist. Aber die Übergänge von normalem, über gesteigertem, zu **problematischem** hin zu **missbräuchlichen** und letzten Endes **süchtigem** Trinkverhalten sind fließend und nicht immer eindeutig zu identifizieren. Da du in der MPU wegen Alkohol bist, ist dein Konsum **mindestens problematisch** gewesen und das musst du zugeben.

Merke: Du hast nicht einfach so getrunken, sondern weil du ein Problem hattest.

Du hast etwa immer besonders viel getrunken, wenn es zu Hause Ärger gab. Oder du traurig warst. Oder weil du in der Schule gemobbt wurdest. Es gibt viele Möglichkeiten. Versuche, die Situationen und Gefühle zu identifizieren, die regelmäßig zu Alkoholkonsum geführt haben. Oder in denen du etwas Ähnliches gedacht hast wie *„verdammte Scheiße, auf den Scheiß erstmal ein Bier"*.

Versuch ehrlich zu dir selbst zu sein – in welchen Situationen kam es zu vermehrtem Alkoholkonsum? Welche Situationen haben dich zu der Zeit, als du erwischt worden bist, besonders belastet? Die Antwort *„weil ich ein Problem hatte"* reicht nicht. Du musst das Problem **identifizieren** und es **benennen** können.

Ferner ist es üblich, dass der Psychologe auch wissen will, *warum* du dich mit deinem Konsummuster auseinandergesetzt hast. Es empfiehlt sich wie immer die Wahrheit. Du solltest – vor allem, wenn du keinen Vorbereitungskurs besucht hast – auf die Frage vorbereitet sein. Hier gibt es verschiedene Varianten:

- *Ich habe mir ein Buch zur MPU-Vorbereitung gekauft. Darin wurde empfohlen, sich seinen Konsum in der Vergangenheit und den Verlauf einmal vor Augen zu führen.*

- *Ich habe immerhin unter Alkoholeinfluss ein Fahrzeug geführt. Damit war ich nicht in der Lage, es sicher zu führen – und hätte jemanden töten können. Diese Erkenntnis hat mich so sehr schockiert, dass ich angefangen habe, meinen Konsum zu hinterfragen.*

- *Ich habe einen Vorbereitungskurs für die MPU gemacht. Dort haben wir meinen Konsum aufgearbeitet.*

Aufgepasst:

Deine Angaben müssen erklären, wie regelmäßig und wie viel getrunken wurde. Der Konsum muss sich mit den Angaben auf deinem Torkelbogen (siehe Akte vom Straßenverkehrsamt) decken. Wem bei 2,5 Promille auf dem Torkelbogen nahezu Nüchternheit attestiert wurde, glaubt man nicht, dass er bisher nur einmal im Monat 3-4 Bier getrunken hat. Dann läge man mit 2,5 Promille nämlich längst im Krankenhaus. Du kannst ein plausibles Maß an konsumierten Getränken z.B. mit meinem persönlichen Rechner über den QR-Code berechnen.

Außerdem solltest du für die MPU die Widmark-Formel kennen – damit beweist du, dass du dich mit dem Thema auseinandergesetzt hast und den Willen hast, deine Promille im Auge zu halten.

Eine gute Bemerkung für deine MPU:

Als ich erfahren habe, dass man mit 2 Promille eigentlich wegen Vergiftungserscheinungen im Krankenhaus liegen sollte, war ich sehr schockiert, dass ich bereits eine so große Toleranz aufgebaut hatte.

Denn damit verdeutlichst du, dass eine Einsicht stattgefunden hat und dass deine Entwicklung auch aus dieser Einsicht resultiert.

Vorsicht:

Du bist öfter betrunken (Rad) gefahren. Selbst, wenn du nur selten unter Alkoholeinfluss gefahren bist, oder nie, gib besser mehr Trunkenheitsfahrten zu. Denn laut Bewertungskriterien bist du vorverurteilt. Der Gutachter ist sich absolut sicher, dass du öfter mit Konsum gefahren bist. Er rechnet mit einer Dunkelziffer von 300 zu 1: Auf eine erkannte Trunkenheitsfahrt kommen 300 nicht entdeckte. Von denen theoretisch 299 auf dich entfallen, denn du bist einmal erwischt worden. Gibst du (selbst, wenn es den Tatsachen entspricht) nur eine Fahrt zu, denkt der Gutachter, dass du lügst (und verharmlost). Dich also nicht ausreichend mit der Problematik auseinandergesetzt hast. Was einen dicken Minuspunkt bedeutet.

Ich bin tatsächlich nur das eine einzige Mal betrunken gefahren. Ich weiß, dass Sie wegen der 300 zu 1 Statistik davon ausgehen müssen, dass ich öfters im Rausch ein Fahrzeug geführt habe. Und dass Sie mir nicht glauben dürfen und diese Aussage meine Aussicht auf ein positives Gutachten eventuell schmälert. Aber ich bin hier, um die Wahrheit zu sagen. Und zur Wahrheit gehört nun mal, dass ich nur diese eine Fahrt unter Alkoholeinfluss gehabt habe – egal wie unwahrscheinlich das ist.

Wäre eine mögliche Formulierung, falls es doch nur eine einzige Fahrt gab. Das kann der Psychologe gleich doppelt gut finden – denn zum einen beweist du mit deinem Wissen um die Statistik, dass du dich mit der Thematik auseinandergesetzt hast und außerdem stellst du deine Ehrlichkeit unter Beweis. In jedem Fall musst du hier vorsichtig sein und besser mehr Fahrten zugeben – denn alles, was in deiner Vergangenheit war, ist in Ordnung und du kannst das ohne Angst haben zu müssen zugeben. Um die MPU zu bestehen, muss ersichtlich werden, dass du dich **in Zukunft** vernünftig im Straßenverkehr verhalten wirst.

Vorsicht mit Drogen:

Auch wenn grundsätzlich zu Ehrlichkeit geraten wird: Hast du schon mal andere Drogen probiert, bist wegen dieser aber nicht mit dem Gesetz in Konflikt geraten, rate ich dir dazu, diesen Konsum zu verschweigen. Sofern also in deiner Akte nichts vermerkt ist, solltest du in der MPU Abstand von Drogen nehmen und erklären, damit nichts am Hut zu haben.

Denn mit anderweitigem Drogenkonsum landest du direkt in einer schwierigeren Hypothese und bekommst u.U. gleich die nächste MPU aufgebrummt – eben wegen Drogen, inklusive Abstinenznachweis. Ich freue mich natürlich, dass du dann auch mein Buch für die Drogen-MPU kaufst, aber für dich wäre das doch sehr ärgerlich. Sofern du doch über deinen Drogenkonsum reden möchtest, oder musst, weil er in deiner Akte vermerkt ist, musst du auch für die Drogen einen Abstinenznachweis mitbringen. Allgemein wirst du dich dann in Hypothese A/D2 einordnen und vollständigen Alkohol- und Drogenverzicht als zukünftige Strategie angeben müssen.

Achtung junge Menschen (bis ca. zum 25. Lebensjahr):

Der Gutachter unterscheidet bei der Bewertung der Alkoholproblematik zwischen *jungen* und *alten* Tätern. Bei älteren Personen ist das Trinkverhalten schon weitgehend festgefahren und lässt sich psychologisch schwer reprogrammieren: Als 50-Jähriger, darf man regelmäßigen und übermäßigen Alkoholkonsum in den letzten 20 Jahren zugeben. Ganz im Gegenteil zu jungen Personen: Bist du unter 25 und hast bereits im frühen Alter (bis zum 16. Lebensjahr) einen problematischen Alkoholkonsum begonnen, wird ein positives Gutachten ungemein schwieriger. Denn bei jungen Leuten versteht sich die MPU als Umerziehungsorgan. D.h. im Zweifel wird lieber ein negatives Gutachten erstellt, um den Jugendlichen vor einem problematischen Konsumverhalten zu schützen. Daher ist es ratsam, in deiner Geschichte frühestens im Alter von 16/17 mit dem Alkohol trinken angefangen zu haben.

Gibst du Konsum im Alter von 12 oder 14 Jahren zu, kann das eine schwierigere Hypothese bedeuten. Zumindest wird dann eine einjährige Abstinenz unabdingbar. Weist du eine Abstinenz von mindestens 12 Monaten nach, kannst du auch den Konsum in jungem Alter zugeben. Ich rate dennoch grundsätzlich dazu, offiziell, also in deiner Geschichte, erst mit 16 oder 17 Jahren mit dem Trinken angefangen zu haben – auch wenn das der Lebensrealität der meisten Jugendlichen nicht entspricht. Das funktioniert natürlich nur, wenn gegen dich keine das Gegenteil beweisenden Akten vorliegen, z.B. bei der Führerscheinstelle, der Polizei, dem Jugendamt. Bist du als 13-Jähriger betrunken von der Polizei nach Hause gebracht worden und existieren darüber noch Akten (Die Polizei ist verpflichtet, Akten wegen geringfügiger Delikte nach einiger Zeit zu löschen. Machen die aber oft nicht – aus Personalmangel oder Boshaftigkeit ist ungewiss.), liegen diese in der Regel auch der MPU-Prüfstelle in Form der Akte des Straßenverkehrsamts vor.

Überblick: Was kommt nicht gut an?

Im Folgenden findest du einige Aussagen und Punkte, die den Psychologen aufhorchen lassen und oft dafür sorgen, dich in eine niedrigere (also schwerere) Hypothese aufsteigen zu lassen. Falls solche bei dir gegeben waren und du sie nicht verschweigen möchtest, bedeutet das einen großen Schritt in Richtung A2-Hypothese und somit beispielsweise fast garantiert eine mindestens einjährige Abstinenz.

- Blackout: Ich habe auch mal so viel getrunken, dass ich am nächsten Tag eine Gedächtnislücke hatte.
- Mischkonsum: Ich habe mal Alkohol mit Cannabis oder anderen Drogen konsumiert.
- Übergeben: Ich habe mich mal übergeben müssen, weil ich so viel Alkohol getrunken habe.
- Kontrollverlust: Es gab (mindestens) eine Situation, in der ich mich unangemessen verhalten habe, weil ich betrunken war.
- Pflichten: Ich habe Pflichten (Arbeit, Schule, Familie) vernachlässigt, weil ich betrunken war.
- Zeitpunkt: Ich habe (öfters) bereits morgens Alkohol konsumiert.

Falls einer oder mehrere dieser Punkte auf dich zutreffen sollten, sind das Anzeichen einer ernsthaften Alkoholproblematik. Du solltest sie nicht auf die leichte Schulter nehmen und dir gegebenenfalls professionelle Hilfe suchen.

Was war am Tag der Auffälligkeit(en)?

In diesem Teil deiner Geschichte muss der Psychologe erkennen, dass du dich umfangreich mit deiner(n) fahrrechtlichen Auffälligkeit(en) auseinandergesetzt hast. Überprüfe deine Führerscheinakte: Sind mehrere Vorfälle verzeichnet, solltest du dich mit jedem einzelnen Vermerk beschäftigen und in deiner MPU Fragen dazu beantworten können. Das ist von ungemeiner Wichtigkeit! Denn es geht schließlich darum, zu beweisen, dass du fahrtauglich bist. Jeder einzelne Eintrag ist ein Indiz, dass du eben nicht fähig bist, ein Fahrzeug zu führen!

Du musst beantworten, mit wem du den Tag verbracht hast, was du getrunken hast und wieso. Dabei muss die angegebene Menge deine gemessene Blutalkoholkonzentration (Torkelbogen & Unterlagen der Polizei) erklären können. Erklärst du, nur 5 kleine Bier getrunken zu haben, wurdest aber mit 2 Promille angehalten, wirst du ein negatives Gutachten erhalten. Außerdem muss deine Angabe gegenüber dem Psychologen deinen Angaben gegenüber dem Arzt entsprechen. Erklärst du dem einen, du hast Bier getrunken und dem anderen Korn, bist du bereits durchgefallen. Wichtig ist auch, wie weit du gefahren bist und wie du dich gefühlt hast. Folgende Aspekte solltest du dem Psychologen in diesem Teil verdeutlichen:

- ✓ Du hast dich mit deiner Vergangenheit intensiv auseinandergesetzt.
- ✓ Du hast dein problematisches Konsum- (Trink-, Fahr-, etc.) Verhalten erkannt.
- ✓ Du hast die negativen Konsequenzen des Verhaltens erkannt.
- ✓ Du bereust dein falsches Verhaltensmuster. (Bist schockiert, bedauerst, bist traurig...).

Erneut möchte ich dich bitten, deine Notizen zu erweitern. Beantworte die folgenden Fragen zu jeder Auffälligkeit in deiner Führerscheinakte ehrlich und ergänze die Antworten in deiner persönlichen Geschichte.

- ➢ Wie ist der Tag abgelaufen?
- ➢ Wann hast du angefangen zu trinken?
- ➢ Warum hast du getrunken?
- ➢ Was und wie viel hast du getrunken?
- ➢ Was ist passiert?
- ➢ Warum bist du trotz Alkoholkonsum gefahren?
- ➢ Hast du dich fahrtauglich gefühlt?
- ➢ Warst du dir bewusst, dass du etwas Falsches tust?
- ➢ Schämst du dich für die Trunkenheitsfahrt?

Anschließend solltest du eine Überprüfung vornehmen: War ich ehrlich? Ergeben meine Angaben Sinn? Und am wichtigsten: Decken sich meine Angaben mit der Akte vom Straßenverkehrsamt und passen sie zu meinem Torkelbogen? Überprüfe unbedingt mit (m)einem Promillerechner aus dem Internet (am Ende des nächsten Kapitels findest du einen QR-Code) und der Widmark-Formel, ob die von dir angegebene Trinkmenge und der Zeitraum mit den Blutwerten von der Polizei grob übereinstimmen. Eine größere Abweichung als 0,5 Promille solltest du unbedingt überarbeiten.

Berechnung von Blutalkohol und Promille

Um deine Blutalkoholkonzentration zu berechnen, gibt es eine einfache Formel: Die Widmark-Formel. Sie lautet:

$$\text{BAK in ‰} = \frac{Alkohol\ in\ Gramm}{(Resorptionsfaktor * Körpergewicht\ in\ kg)}$$

Um deinen erreichten BAK zu errechnen, benötigst du also das Gewicht des reinen konsumierten Alkohols in Gramm und deinen Resorptionsfaktor. Der Resorptionsfaktor beträgt für Männer 0,7 und für Frauen 0,6. Das Gewicht des konsumierten Alkohols berechnet man über diese Formel:

$$\text{Alkohol in g} = \frac{Menge\ in\ ml * Promille}{100} * 0{,}8$$

Du solltest die Formeln für deine MPU kennen. Außerdem kannst du mit ihnen plausible Trinkmengen für dein(e) Trunkenheitsdelikt(e) errechnen. Folgend zwei Beispiele zum besseren Verständnis, jeweils für Mann und Frau berechnet.

Erstes Beispiel:

Eine große Flasche Bier à 500 ml mit 5 ‰, getrunken von einer 60 kg schweren Person.

Das Bier enthält $\frac{500(ml) * 5(‰)}{100} * 0{,}8 =$ 20(g) Alkohol.

Nun in die Widmark-Formel einsetzen:

$$\frac{20(g)}{0{,}7 * 60(kg)} = \text{BAK Mann} = 0{,}47 ‰$$

$$\frac{20(g)}{0{,}6 * 60(kg)} = \text{BAK Frau} = 0{,}55 ‰$$

Zweites Beispiel:

Zwei Gläser Wein zu je 200 ml mit 12 ‰, getrunken von einer 75 kg schweren Person.

Der Wein enthält $\frac{2 * 200(ml) * 12(‰)}{100} * 0{,}8 =$ 38,4(g) Alkohol.

Nun in die Widmark-Formel einsetzen:

$$\frac{38{,}4(g)}{0{,}7 * 75(kg)} = \text{BAK Mann} = 0{,}73 ‰$$

$$\frac{38{,}4(g)}{0{,}6 * 75(kg)} = \text{BAK Frau} = 0{,}85 ‰$$

Diese einfache Widmark-Formel reicht für deine Zwecke vollkommen aus, obwohl sie nicht exakt ist. Eine genaue Berechnung ist sowieso schwierig, da jeder Körper unterschiedlich gut und schnell Alkohol aufnimmt, verarbeitet und abbaut.

Willst du deine Trinkmenge noch genauer berechnen, musst du das *Resorptionsdefizit* und den *abgebauten Alkohol* mitberechnen. Das Resorptionsdefizit beträgt zwischen 10 und 30 Prozent. Das heißt, nur etwa 70 – 90 Prozent des konsumierten Alkohols landen auch tatsächlich im Blut. Der Rest wird bereits im Magen abgebaut. Aus diesem Grund ist die mit der (einfachen) Widmark-Formel berechnete Trinkmenge auch stets etwas höher, als die tatsächlich erreichte.

Außerdem baut der Körper zwischen 0,1 und 0,2 Promille pro Stunde ab. Es empfiehlt sich, mit dem Mittelwert von 0,15 ‰ zu rechnen. Beginnst du um 20 Uhr mit dem Alkoholkonsum und wirst um zwei Uhr von der Polizei kontrolliert, hatte der Körper also 6 Stunden Zeit 6 × 0,15 = 0,9 ‰ Alkohol abzubauen. Um beide Effekte zu verdeutlichen, noch ein kleines, ausführliches Beispiel:

<u>Drittes Beispiel:</u>

Angenommen, eine 70 kg schwere Person konsumiert an einem Abend von 20 bis 2 Uhr, also innerhalb von sechs Stunden, eine halbe Kiste Bier mit großen Flaschen a 5 ‰.

$$\text{Das sind } \frac{10 * 500(ml) * 5(‰)}{100} * 0{,}8 = 200(\text{g}) \text{ Alkohol.}$$

Das ergibt nach der einfachen Widmark-Formel

$$\frac{200(g)}{0{,}7 * 70(kg)} = \text{BAK Mann} = 4{,}08\ ‰$$

$$\frac{200(g)}{0{,}6 * 70(kg)} = \text{BAK Frau} = 4{,}76\ ‰$$

Das sind beachtliche, sehr hohe Werte. Bereinigt man den konsumierten Alkohol um das Resorptionsdefizit (ich nehme einen hohen Wert von 20 % an), bleiben noch 200 g × 0,8 = 160 g reinen Alkohol übrig. Das ergibt

$$\frac{160(g)}{0{,}7 * 70(kg)} = \text{BAK Mann} = 3{,}27\ ‰$$

$$\frac{160(g)}{0{,}6 * 70(kg)} = \text{BAK Frau} = 3{,}81\ ‰$$

Zieht man jetzt noch 0,15 ‰ abgebauten Alkohol pro Stunde ab, ergibt das 6 × 0,15 ‰ = 0,9 ‰ abgebauten Alkohol. Somit verbleiben nach der bereinigten Widmark-Formel noch:

Für einen Mann: 3,27 ‰ – 0,9 ‰ = 2,37 ‰ BAK
Für eine Frau: 3,81 ‰ – 0,9 ‰ = 2,91 ‰ BAK

Das sind immer noch recht hohe Werte, allerdings weit weniger krass als die ursprünglichen 4 Promille. Falls du also mit der einfachen Widmark-Formel einen sehr hohen Wert errechnet hast, kannst du deine Berechnung so noch einmal korrigieren. Du findest in der Literatur verschiedene Versionen der Widmark-Formel und vor allem Resorptionsdefizit und abgebauter Alkohol pro Stunde können stark variieren, lass dich davon also nicht verunsichern. Über den folgenden QR-Code kannst du einen Promillerechner downloaden, der alle Varianten automatisch berechnet. Ich empfehle **dringend** mit diesem Tool (d)eine plausible Trinkmenge zu errechnen.

Bewertung des Konsums und Formulierungshilfen

Die MPU-Vorbereitung kann, gerade in Hinsicht auf die Trinkmengen, Hypothesen, Konsummuster, Maximalmengen usw. recht unübersichtlich werden. Zumal man im Internet und der Literatur viele verschiedene Bezeichnungen und Kategorien findet. Daher möchte ich dir in diesem Kapitel einige Trinkmuster und den Unterschied von Trinkmuster zur Hypothese vorstellen und dir dabei helfen zu verstehen, wo dein eigener Konsum anzuordnen ist und wie du ihn am besten in der MPU präsentieren kannst. Denn du musst ja im Zuge deiner Vorbereitung, wie auch im ersten Teil der eigentlichen Untersuchung selbst, deinen Konsum darstellen, erklären und kritisch bewerten.

Gewohnheitsmäßiger Alkoholkonsum

Ist in unserer alkoholkonsumfördernden Gesellschaft möglich, in einigen, weit verbreiteten, Kreisen sogar Standard. Sollte sich eine Gewohnheit eingeschlichen haben, gilt es das für die MPU unbedingt zu erkennen – zu analysieren – zu verstehen – und die Gewohnheit abzulegen. Musst du wegen Alkoholkonsum zur MPU und bist gewohnheitsmäßiger Alkoholkonsument, hast du ohne entsprechende Änderung der Gewohnheit keine Chance auf ein positives Gutachten.

Hypothese

Die (Arbeits-)Hypothese ordnet deinen Alkoholkonsum für die medizinisch psychologische Untersuchung ein und klassifiziert nach Härtegrad. Die Hypothesen existieren also ausschließlich im MPU Kontext und haben außerhalb dessen kaum Aussagekraft. Trotzdem sind sie für deine MPU **extrem wichtig**, da die Einstufung darüber entscheidet, wie umfassend und stark deine Veränderung bzw. auch wie lang dein Abstinenznachweis sein muss. Sie definieren die Ausgangsfrage für deinen Gutachter in deiner MPU und die entsprechenden notwendigen Voraussetzungen für ein positives Gutachten. Sie orientieren sich weitestgehend an den medizinischen Klassifikationen, sind aber nicht vollkommen deckungsgleich.

Klinisch relevante Kategorisierung nach ICD-10 bzw. DSM-5

DSM-5 und ICD-10 sind internationale Standards zur Klassifizierung von Krankheiten, die für Mediziner und Psychologen relevant sind, für den Laien in der MPU-Vorbereitung aber eher weniger Relevanz haben.
Sie helfen, einheitliche Definitionen und Klassifikationen für den medizinischen Gebrauch festzulegen. Sie werden beispielsweise auf Arztberichten oder Überweisungen benutzt und erleichtern die verlässliche Kommunikation der Mediziner.

Die fünf Trinkertypen nach Jellinek

E.M. Jellinek hat in Auftrag der WHO in den 60er Jahren in einer wissenschaftlichen Untersuchung fünf verschiedene Trinkmuster bei abhängigen Alkoholikern identifiziert und näher klassifiziert. Zu beachten ist, dass die einzelnen Muster stark stilisiert dargestellt sind und die Muster sich nicht eindeutig voneinander abgrenzen lassen. Trotz der fließenden Übergänge kann es sinnvoll und hilfreich sein anhand dieser Extremen eigene Muster zu erkennen, zu verstehen und letzten Endes im Rahmen der Auseinandersetzung mit dem eigenen Konsumverhalten zu präsentieren.

Typ Alpha: Der Konflikt- oder Erleichterungstrinker

Als Alpha-Trinker setzt du Alkohol gezielt (aber durchaus auch unbewusst / unterbewusst!) ein, um körperliche oder psychische Probleme besser ertragen zu können. Trotz auffälligem Trinkverhalten kommt es eigentlich nie zu Kontrollverlust. Du kannst keine körperlichen Abhängigkeitssyndrome feststellen und mit dem Trinken aus eigenen Stücken wieder aufhören. Als Alpha-Trinker hast du ein sehr hohes Risiko für eine psychische Abhängigkeit.

Typ Beta: Der Gelegenheitstrinker

Bist du Gelegenheitstrinker, zeigst du i.d.R. keine Anzeichen einer psychischen oder körperlichen Abhängigkeit, hast aber durchaus erste gesundheitliche Folgen des Alkoholkonsums zu beklagen. Das sind i.d.R. Schäden an der Leber oder im Nervensystem. Soziale Zusammenkünfte, Feste und zwanglose Verabredungen sind oft (immer) von Alkoholkonsum begleitet. So ist das Trinken für dich zur festen Gewohnheit geworden und manifestiert sich beispielsweise als dein häufiges (tägliches) Feierabendbier.

Typ Gamma: Der Rauschtrinker

Den Rauschtrinker kennzeichnen Phasen extremen Trinkens, in denen kaum noch eine Kontrolle über den Konsum möglich ist. Auf der anderen Seite bist du oft über längeren, teilt monatelangen Zeitraum vollkommen abstinent. Kannst du, wenn du angefangen hast zu trinken, kaum noch aufhören, sogar, wenn du eigentlich das Gefühl hast, genug gehabt zu haben – dann ist das ein typischer Aspekt des Rauschtrinkers.

Typ Delta: Der Pegel- oder Spiegeltrinker

Täglicher Konsum bei kaum wahrnehmbarem Rausch und Kontrollverlust zeichnen den Spiegeltrinker. Der Spiegeltrinker ist das klassische Bild des Alkoholikers – durchgehend betrunken und am Trinken, aber funktional -. Leidest du unter (starken) Entzugserscheinungen, solltest du einmal keinen Alkohol trinken, ist das ein typisches Warnsignal ein Spiegeltrinker zu sein.

Typ Epsilon: Der Quartals- oder Episodentrinker

Lebst du oft lange Zeit, über Wochen und Monate vollkommen ohne Alkohol und wirst plötzlich und unregelmäßig von einem unbeherrschbaren Drang zu trinken überkommen, leidest du unter einer seltenen Form der Abhängigkeit – du bist Quartalstrinker. Exzessive Rauscheskapaden, gezeichnet von Kontrollverlust, Filmrissen und teils gravierenden Erinnerungslücken sind oft die Folge. Trinkepisoden deuten sich oft schon vorher an, weil du unruhig und reizbar bist.

Formulierungsbeispiel

Eine Einordnung deinerseits in der MPU könnte also beispielsweise wie folgt lauten:

Im Rahmen meiner MPU-Vorbereitung und der Auseinandersetzung mit meinem Alkoholkonsum liegt bereits ein gefährlicher Alkoholkonsum nach medizinischen Kriterien vor. Diese Einsicht hat mich erst einmal schockiert – dachte ich doch vor der MPU-Anordnung, mein Konsum wäre vollkommen normal und die Anordnung zur MPU eher eine Unverschämtheit.

Jetzt sehe ich das anders, bin gewissermaßen dankbar. Denn durch die MPU-Vorbereitung wurde ich gezwungen, mich einmal nüchtern und kritisch mit meinem Alkoholkonsum auseinanderzusetzen. Hier habe ich definitiv Tendenzen des Problemtrinkers nach Jellinek bei mir erkannt. Am ehesten zuordnen würde ich mich daher der Hypothese A2.

Damit zeigst du dem Psychologen das Wichtigste: Du hast dich intensiv mit deinem eigenen Konsummuster (Entlastungstrinker) auseinandergesetzt und dich außerdem intensiv auf die MPU vorbereitet (Hypothese A2).

Du darfst ehrlich – und sollst kritisch sein

Oft erlebe ich beschönigende, verharmlosende und Scham getriebene Tendenzen von Klienten bei der Ausarbeitung ihrer MPU-Geschichte. Manche denken, dass sie ihren Konsum nicht wahrheitsgemäß darstellen dürfen, da ein positives Gutachten sonst immens schwieriger wird. Nun; dem ist nicht so.

Alles, was früher – also vor deiner MPU (Vorbereitung bzw. deiner Veränderung) – war, ist vollkommen in Ordnung und okay. Du musst dich nicht schämen und beschönigen bringt i.d.R. auch keine Vorteile mit sich. Die Wahrheit ist hilfreich und darf genauso kommuniziert werden. Entscheidend ist nämlich nicht, was früher war, sondern was heute ist. Wie du dich verändert hast. Dass du dich nachhaltig verändert hast. Und, dass die Veränderung ausreichend lange her und zukünftig stabil ist.

Exkurs zu den Trinkmengen

Im Folgenden habe ich gängige Definitionen und Bezeichnungen noch einmal mit den zugeordneten maximalen Trinkmengen (in Standardgläsern und g reinem Alkohol / Tag) aufgeführt. Bitte beachte, dass es keinen auf den Gramm genau festgelegten Wert gibt. Das liegt u.a. daran, dass jeder Mensch Alkohol anders aufnimmt und anders auf die Droge reagiert.

Zudem gibt es international gültige Richtlinien (wie die der WHO) und dann noch national festgelegt Grenz- und Richtwerte. Daher wirst du auf eine Fülle von Grenzwerten, Bezeichnungen und Definitionen treffen, sie sich zum Teil auch unterscheiden. Lass dich davon nicht verunsichern – es geht hier stets um eine grobe Einschätzung und Einordnung. Die Trinkmengen pro Tag können im Übrigen auch als Durchschnitt pro Woche / Monat / Jahr herangezogen werden.

<table>
<tr><th colspan="3">Trinkmenge Frau</th></tr>
<tr><th>Bezeichnung
&
Einordnung</th><th>In Standardgläsern</th><th>In Gramm</th></tr>
<tr><td rowspan="3">Risikoarmer Konsum
(kein Rauschzustand)
IDC 10)
Niedrig-Risiko-Trinken
Gelegenheitstrinken</td><td>≤ 1 Standardgläser/
Tag</td><td>12-20 g Alkohol /
Tag</td></tr>
<tr><td colspan="2">Min. 2 abstinente Tage/Woche</td></tr>
<tr><td colspan="2">Nie mehr als 4 Standardgläser
pro Anlass</td></tr>
<tr><td rowspan="3">Riskanter Konsum
(Rauschzustand
möglich)
Alkoholgefährdung
Gelegenheitstrinken
Problematischer
Konsum</td><td>≤ 5 Standardgläser/
Tag</td><td>20-40 g / Alkohol /
Tag</td></tr>
<tr><td colspan="2">Min. 2 abstinente Tage/Woche</td></tr>
<tr><td colspan="2">Nie mehr als 4 Standardgläser
pro Anlass</td></tr>
<tr><td>Gefährlicher Gebrauch
Alkoholmissbrauch:
Schädlicher Konsum
Exzessives Trinken
Rauschtrinken</td><td>5-10 Standardgläser/
Tag
(2l Bier)</td><td>40-80 g
Alkohol / Tag</td></tr>
</table>

Trinkmenge Frau		
Bezeichnung & Einordnung	**In Standardgläsern**	**In Gramm**
Gefährlicher Gebrauch Alkoholmissbrauch: Sehr Schädlicher Konsum: Exzessives Trinken Rauschtrinken Hochkonsum	10 ≤ Standardgläser/ Tag	Mehr als 80 g / Tag
Alkoholabhängigkeit Alkoholsucht Alkoholismus	Wird nicht an konsumierten Mengen festgemacht, sondern expliziten medizinischen Kriterien (siehe Kapitel 2. Hypothese A1)	

Trinkmenge Mann		
Bezeichnung & Einordnung	**In Standardgläsern**	**In Gramm**
Risikoarmer Konsum (kein Rauschzustand) IDC 10) Niedrig-Risiko-Trinken Gelegenheitstrinken	≤ 2 Standardgläser/ Tag	24-30 g Alkohol / Tag
	Min. 2 abstinente Tage/Woche	
	Nie mehr als 4 Standardgläser pro Anlass	

<table>
<tr><th colspan="3">Trinkmenge Mann</th></tr>
<tr><th>Bezeichnung
&
Einordnung</th><th>In Standardgläsern</th><th>In Gramm</th></tr>
<tr><td rowspan="3">Riskanter Konsum
(Rauschzustand möglich)
Alkoholgefährdung
Gelegenheitstrinken
Problematischer Konsum</td><td>≤ 8 Standardgläser/ Tag</td><td>30-60 g / Alkohol / Tag</td></tr>
<tr><td colspan="2">Min. 2 abstinente Tage/Woche</td></tr>
<tr><td colspan="2">Nie mehr als 4 Standardgläser pro Anlass</td></tr>
<tr><td>Gefährlicher Gebrauch
Alkoholmissbrauch:
Schädlicher Konsum
Exzessives Trinken
Rauschtrinken</td><td>8 - 16
Standardgläser/ Tag
(3l Bier)</td><td>60-120 g
Alkohol / Tag</td></tr>
<tr><td>Gefährlicher Gebrauch
Alkoholmissbrauch:
Sehr Schädlicher Konsum:
Rauschtrinken
Hochkonsum</td><td>16 ≤ Standardgläser/ Tag</td><td>Mehr als 120 g/ Tag</td></tr>
<tr><td>Alkoholabhängigkeit
Alkoholsucht
Alkoholismus</td><td colspan="2">Wird nicht an konsumierten Mengen festgemacht, sondern expliziten medizinischen Kriterien (siehe Kapitel 2. Hypothese A1)</td></tr>
</table>

Einordnung in die Alkoholhypothese

Du hast nun also die ersten beiden Fragen deiner Geschichte beantwortet: Was war früher und was war am Tag des Führerscheinentzugs. Sie bilden den ersten Teil deiner persönlichen Geschichte. Du solltest sie mindestens in Stichworten in schriftlicher Form detailliert vorliegen haben. Erst dann empfehle ich zum nächsten Schritt weiterzugehen.

Denn im nächsten Schritt kannst du mit Hilfe dieser Antworten und deiner Führerscheinakte zu einer Einschätzung deiner Hypothese kommen. Es gibt A1-A4, wobei A1 die schwerste Kategorie, also der härteste Fall (Alkoholsucht) ist. Der Psychologe muss dich zu Beginn deiner MPU einer Hypothese zuordnen, um anschließend zu überprüfen, ob du die notwendigen Veränderungen für diese Kategorie an den Tag gelegt hast. Du musst dich in eine der folgenden Hypothesen einordnen:

- A1: Alkoholsucht
- A2: Alkoholmissbrauch
- A3: Alkoholgefährdung
- A4: Auffälligkeit mit fahrerlaubnisbefreitem Fahrzeug

Die Bezeichnung Alkoholmissbrauch wird im medizinischen und gutachterlichen Kontext nicht mehr benutzt. Ich verwende sie trotzdem – eine ausführliche Erklärung warum findest du im nächsten Kapitel.

Ich empfehle dir grundsätzlich die Hypothese A2 anzunehmen und dich entsprechend vorzubereiten. Du möchtest nicht wegen Sucht (A1) zur MPU – denn hier wird für ein positives Gutachten unter anderem eine langwierige Suchttherapie vorausgesetzt. Bei A3 gibt es einige Fallstricken und Hürden, die dich die MPU kosten können. Eine Vorbereitung gemäß Hypothese A2 ist sozusagen der sichere Weg. Ein steiniger, aufwendiger Weg inklusive eines Jahres Abstinenznachweis. Doch obwohl die Vorbereitung eine intensive Auseinandersetzung mit dir selbst und deiner Konsumvergangenheit bedeutet, ist Hypothese A2 der einfachste und sicherste Weg, um die MPU zu bestehen.

Nimmst du diese Hypothese für dich an und bereitest deine persönliche Geschichte den zu Grunde liegenden Kriterien entsprechend auf, garantiere ich dir (!), dass du die MPU im ersten Versuch bestehen wirst.

Der Übergang zwischen den Hypothesen ist fließend. Das heißt, es ist schwierig, dich eindeutig einer Kategorie zuzuordnen, da meist Indikatoren von mehreren Hypothesen gleichzeitig zutreffen. Es hat sich bewährt, im Zweifel eine härtere Kategorie anzunehmen. Zum einen, weil du damit für die MPU auf der sicheren Seite bist, denn du hast härtere Maßnahmen ergriffen als unbedingt notwendig. Mit den Maßnahmen und Änderungen für A2 bestehst du eine MPU für Hypothese A3. Andersherum fällst du jedoch durch, oder musst zum Aufbaukurs. Zum anderen, um persönlich auf der sicheren Seite zu sein – du kannst dein Gefährdungspotential besser überschätzen als unterschätzen, um rechtzeitig geeignete Gegenmaßnahmen zu ergreifen.

Die Hypothesen sind also im weitesten Sinne als eindeutig anzunehmen. Generell kannst du an vielen verschiedenen Stellen im Gespräch Dinge sagen, die für oder gegen einzelne Indikatoren sprechen. Daher ist es von Vorteil für dich mit einem Plan und einer Strategie in die MPU zu gehen – eben mit deiner persönlichen Geschichte.

Checklisten zu den Hypothesen

Im Folgenden findest du also die Checklisten mit den Kriterien und zugeordneten einzelnen Indikatoren. Du kannst in den Tabellen rechts alle Indikatoren markieren, die auf dich zutreffen. Ist die Mehrzahl an Indikatoren erfüllt, so kannst du auch ein Kriterium als erfüllt ansehen. Die Hypothese mit den meisten erfüllten Kriterien trifft am ehesten auf dich zu. Du kannst vorsichtshalber besser eine kleinere Hypothese und damit schwerwiegendere Problematik annehmen als umgekehrt. Lass dir Zeit beim Überprüfen und sei ehrlich mit dir selbst – niemand wird dich verurteilen.

Allerdings bekommst du hier die Chance, einen nüchternen und ehrlichen Blick auf das Ausmaß deines Alkoholproblems zu werfen. Dabei solltest du bedenken, dass die Kriterien dem psychologischen und medizinischen Stand der Dinge entsprechen und den aktuellen (2023) Wissensstand abbilden. Auch wenn dir manch ein Indikator wenig aussagekräftig, oder in deinem Freundeskreis völlig normal vorkommt, solltest du das nicht als *lächerlich* abtun, sondern als Hinweis, dass dein Verhältnis zur Droge potenziell gefährlich sein könnte. Denn auch Alkohol sollte immer mit Bedacht konsumiert werden und nimmt häufig einen ungesunden Stellenwert in unserem Leben ein, ohne dass wir das überhaupt bemerken.

Ich habe in den Tabellen die Präsensform gewählt – sie ermöglicht allen Lesern, die am Anfang ihrer Vorbereitung stehen, ehrlich mit sich und ihren Indikatoren umzugehen. In der MPU musst du rückblickend über diese Punkte berichten – hier solltest du natürlich in der Vergangenheitsform argumentieren. Zum besseren Verständnis schauen wir uns kurz Kriterium A2.1 Indikator 2 an:

„Ich verspüre das starke Verlangen, Alkohol zu trinken."

Nach Abschluss deiner stabilen Veränderung solltest du ein solches Verlangen eben nicht mehr bemerken, ganz im Gegenteil. Solltest du in deiner MPU noch nach Alkohol dürsten und das zugeben, bist du wahrscheinlich durchgefallen. Vor deiner Veränderung ist dieses Gelüst aber vollkommen in Ordnung – dass du es erkannt hast und bereit bist, das zuzugeben ist sogar von Vorteil, um die MPU zu bestehen. Also würdest du in deiner MPU eher berichten:

„Ich ***verspürte*** *das starke Verlangen, Alkohol zu trinken."*

Der Psychologe würde dies übrigens als Indikator für das sogenannte *Craving* notieren, was dich einen großen Schritt in Richtung A1/A2 bringt.

Hypothese A1: Alkoholsucht

Wenn du in deiner Sucht gefangen bist, wirst du dich wahrscheinlich schon einmal gefragt haben, ob du nicht süchtig bist. Vielleicht weißt du es sogar tief in dir drin bereits. Vielleicht möchtest und kannst du es dir selbst nicht eingestehen. Vielleicht, weil du Angst hast, vielleicht, weil du dich schämst. Und das ist in Ordnung – niemals würde ich dich verurteilen.

Möchtest du dich anhand der Checkliste orientieren, vielleicht sichergehen, oder dich überzeugen, möchte ich dir kurz erklären, wie du mit der Checkliste herausfinden kannst, ob du nach gängigem Maßstab tatsächlich süchtig bist:

In einem ersten Schritt bitte ich dich, alle Indikatoren, die für dich zutreffend sind, anzukreuzen.

Jedes Kriterium, wo mindestens drei Indikatoren einen Monat am Stück oder über ein Jahr verteilt gemeinsam auftreten, gilt als erfüllt.

Sollten mindestens sechs Kriterien erfüllt sein, musst du davon ausgehen, ernsthaft erkrankt zu sein.

In diesem Fall: Du benötigst Hilfe. Und du bist es wert, dass dir geholfen wird. Du kannst es schaffen und du wirst es schaffen! Ich habe dir unter den Checklisten zu A1 niederschwellige Hilfsangebote aufgezeigt – also Telefonnummern, die du jetzt direkt anrufen kannst.

Hypothese A1 Kriterium Nr. 0 **Ich habe bereits die Diagnose Alkoholabhängigkeit erhalten.**	
Indikator	**erfüllt?**
Ein Arzt, eine Klinik oder eine suchttherapeutische Einrichtung hat mir die Diagnose Alkoholabhängigkeit gestellt	☐
Die Diagnose orientiert sich auf den anerkannten Diagnosekriterien der ICD bzw. DSM.	☐
Ich verfüge über einen entsprechenden Arztbericht (und bringe diesen mit zur MPU)	☐
Ich habe bereits eine oder mehrere Entzugs-/Entwöhnungsbehandlungen oder Entgiftungen wegen meiner Alkoholabhängigkeit hinter mir.	☐
Mir wurden in der Vergangenheit Medikamente gegen Entzugserscheinungen, oder das Trinkverlangen verschrieben	☐

Sollte dies der Fall sein und du hast bereits eine Suchtdiagnose erhalten, erübrigen sich die anderen Hypothesen und Kriterien. Du wirst sicher in Hypothese A1 eingeordnet und kannst die Tabellen einfach überspringen. Bitte denk daran, entsprechende medizinische Befundberichte mit zur MPU zu bringen.

Hypothese A1 Kriterium Nr. 1 **Während des Konsums von Alkohol habe ich (teilweise) die Kontrolle verloren.**	
Indikator	**erfüllt?**
Ich habe bis zum Verlust der bewussten Verhaltenskontrolle getrunken, hatte also Filmrisse oder Blackouts	☐
Nach den ersten Gläsern habe ich ein unbezwingbares Verlangen, weiter Alkohol zu konsumieren	☐
Ich war bereits einmal wegen Trunkenheit oder zur Ausnüchterung in Haft	☐
Ich habe (oft) mehr Alkohol getrunken, als ich ursprünglich beabsichtigt hatte	☐
Ich habe mich betrunken in Gefahr gebracht (Schlägereien, unbedachte gefährliche Aktionen, wie dünnes Eis betreten oder in großen Höhen klettern)	☐
Trinkmenge, Trinkbeginn und Trinkende zu kontrollieren fällt mir schwer	☐

Hypothese A1 Kriterium Nr. 2 **Ich hatte ein extremes Trinkverlangen und Versuche kontrolliert zu trinken schlugen fehl.**	
Indikator	**erfüllt?**
Nach zugänglichen Informationen (Google: ICD oder DSM) habe ich ein sehr stark ausgeprägtes Alkoholproblem. Ich habe mir den Konsum aber immer anders erklärt als mit Sucht	☐
Ich habe ein zwanghaftes, kaum bezwingbares Verlangen nach Alkohol	☐
Ich habe bereits daran gedacht, dass ich den Alkoholkonsum einschränken muss und habe erfolglose Versuche der Kontrolle oder des Verzichts hinter mir	☐
Ich rede oft über Alkohol, oder es fällt mir schwer, meine Gedanken vom Alkohol zu lösen	☐
Ich habe wegen meines Alkoholkonsums ein schlechtes Gewissen oder Schuldgefühle	☐
Ich verspür(t)e den Wunsch, meinen Alkoholkonsum zu verringern bzw. zu kontrollieren	☐
Ich habe bereits an einer Alkoholentgiftung oder Entwöhnung teilgenommen bzw. eine diagnostizierte Abhängigkeit	☐

Ich habe an Treffen einer Selbsthilfegruppe oder Nachsorgeeinrichtung für Alkoholabhängige teilgenommen	☐

Hypothese A1 Kriterium Nr. 3 **Ich leide oder litt unter Entzugserscheinungen, wenn ich Alkohol absetze.**	
Indikator	**erfüllt?**
Wenn ich nicht getrunken habe, ...	
... war ich ängstliche und oder unruhig	☐
... depressiv verstimmt, also traurig, niedergeschlagen und hoffnungslos	☐
... sehr reizbar	☐
... war mir übel, manchmal bis zum Erbrechen	☐
... konnte ich schlecht schlafen	☐
... war ich sehr schreckhaft	☐
... war mein Puls beschleunigt, oder ich litt unter Herzrasen	☐
... habe ich stark geschwitzt	☐

... war mein Blutdruck erhöht	☐
... haben meine Hände gezittert	☐
... habe ich mir Dinge eingebildet	☐
... habe ich Halluzinationen gehabt (z.B. weiße Mäuse gesehen, die nicht da waren)	☐
... fühlte ich mich desorientiert	☐
... habe ich, insbesondere am Morgen, getrunken, um oben genannte Symptome zu lindern.	☐

<u>Hypothese A1 Kriterium Nr. 4</u> **Ich habe sehr viel Alkohol vertragen (hohe Toleranz).**	
Indikator	**erfüllt?**
Ich habe eine Trunkenheitsfahrt mit mehr als 2,5 Promille	☐
Ich habe mein Fahrzeug mit mehr als 2,5 Promille mind. 5 km geführt	☐
Ich habe mein Fahrzeug mit mehr als 2,5 Promille mind. 10 km geführt, bevor ich einen Unfall gebaut habe	☐

Ich bin bei mehr als 2,5 Promille ohne grobe Auffälligkeiten gefahren	☐
Ich habe die Trinkmenge deutlich gesteigert, um dieselbe Wirkung zu erzielen	☐
Bei einzelnen Gelegenheiten habe ich mehr als 4,5 g reinen Alkohol pro kg Reduktionsgewicht getrunken.	☐
Ich habe ein oder mehrmals im Monat mehr als 150-300 ml (Frauen 120-240 ml) reinen Alkohol getrunken	☐
Obwohl ich über 1,5 Promille erreicht habe, konnte ich keine physischen, psychischen oder sozialen unangenehmen Folgen feststellen	☐
Mein durchschnittlicher Alkoholkonsum lag bei mehr als 120 g reinen Alkohol (Männer) bzw. 80 g (Frauen)	☐

Hypothese A1 Kriterium Nr. 5 **Ich habe andere Interessen und Verpflichtungen vernachlässigt.**	
Indikator	**erfüllt?**
Ich habe als Folge meines Alkoholkonsums normale private und berufliche Pflichten grob vernachlässigt (z.B. am Arbeitsplatz)	☐
Ich habe einige Interessen, soziale, berufliche oder Freizeitaktivitäten (zugunsten des Trinkens) aufgegeben oder vernachlässigt	☐
Ich habe viel Zeit und Energie für die Beschaffung von Alkohol aufgewandt	☐
Zur Beschaffung oder Finanzierung von Alkohol habe ich Straftaten begangen, also z.B.: gestohlen	☐
Ich habe ohne besonderen Anlass an Werktagen schon vor den Abendstunden getrunken	☐
Als Folge meines Alkoholkonsums habe ich Probleme am Arbeitsplatz, wie Fehlzeiten, schlechte Arbeitsqualität und Abmahnungen erhalten	☐

Hypothese A1 Kriterium Nr. 6 **Ich habe den Konsum fortgeführt, obwohl ich mir seiner schädlichen Folgen bewusst war.**	
Indikator	**erfüllt?**
Obwohl ich besorgte oder vorwurfsvolle Rückmeldungen aus privatem oder beruflichem Umfeld bekommen habe, habe ich fortwährend weiter Alkohol konsumiert	☐
Ich habe weitergetrunken, obwohl mein Arzt mir zum Verzicht geraten hat	☐
Ich habe weitergetrunken, obwohl bereits Krankheiten oder andere negative alkoholbedingte Konsequenzen aufgetreten sind	☐
Ich habe heimlich getrunken	☐
Ich habe Alkoholvorräte in Verstecken angelegt	☐
Meine Leber hat durch den Alkohol bereits Schaden genommen (Zirrhose, Hepatitis, Fettleber)	☐

Alkoholkrank?

An dieser Stelle möchte ich mich, so persönlich und direkt es geht, an dich wenden. Es ist nicht deine Schuld an Alkoholsucht erkrankt zu sein. Du bist krank, und vielleicht schämst du dich dafür. Das musst du nicht. Niemand muss sich für eine Erkrankung schämen und niemand hat das Recht dich dafür zu verurteilen. Ich möchte dir etwas mitgeben: Es gibt Hilfe für dich. Es gibt viele Menschen, die mal in derselben Lage waren wie du. Und es gibt Auswege aus der Sucht.

Schnell & unverbindlich bekommst du z.B. hier Hilfe:

01806 313031 (Sucht & Drogen Hotline, rund um die Uhr)
02381 9015-0 (Deutsche Hauptstelle für Suchtfragen e.V.)
www.dhs.de/service/suchthilfeverzeichnis
(hier findest du Ansprechpartner vor Ort)

Die Einsicht ist der erste Schritt in ein besseres Leben. Sei ehrlich mit dir. Akzeptiere dich und deine Sucht. Und dann such dir Hilfe – am besten jetzt. Scheiß` auf die MPU, scheiß` auf die MPU-Vorbereitung. Leg` das Buch weg und rufe jetzt eine der Nummern an – nimm die Hilfe an, die du verdienst.

Wenn du deine Sucht bereits seit mindestens einem Jahr unter Kontrolle hast, kannst du deine MPU absolvieren. Zum ersten Jahr der Abstinenz oder Kontrolle über die Sucht möchte ich dir herzlich gratulieren!

Hypothese A2: Alkoholmissbrauch

Die Bezeichnung *Alkoholmissbrauch* geht auf alte ICD-10 Kategorien zurück und wird heute so nicht mehr verwendet. Im diagnostischen Bereich hat man festgestellt, dass die Grenzen zwischen Alkoholmissbrauch und Sucht so fließend sind, dass sie allgemein unter *Substanzkontrollstörung (ICD-10)* zusammengefasst und dann zwischen *Abhängigkeitssyndrom* (A1) und *schädlichem Konsum* (A2) bzw. *Alkoholgebrauchsstörung* (A1 und A2 nach DSM-5) unterschieden wird.

DSM-5 und ICD-10 sind dabei internationale Standards zur Klassifizierung von Krankheiten, die für Mediziner und Psychologen relevant sind, für den Laien in der MPU-Vorbereitung aber eher weniger Relevanz haben.

Ob und inwieweit sich neue Bezeichnungen im MPU-Alltag & Kontext durchsetzen, kann ich stand heute (09/2023) leider noch nicht beurteilen. Daher, und weil der Missbrauchsbegriff für den Laien so prägnant und leicht nachvollziehbar ist, habe ich mich entschieden, ihn vorerst beizubehalten.

Bei einer klinisch relevanten Alkoholproblematik – eine Alkoholgebrauchsstörung nach DSM-5 bzw. den schädlichen Alkoholgebrauch nach ICD-10 – muss man also zwangsläufig davon ausgehen, mindestens in A2 kategorisiert zu werden.

Ob eine - fahrtauglichkeitsrelevante - Einordnung in A2 auch zwangsläufig eine pathologische Relevanz deines Alkoholkonsums bedeutet, kann nicht eindeutig beantwortet werden. In jedem Fall ist es ein eindeutiges Warnsignal, deinen Konsum – unabhängig von Führerschein & MPU – kritisch zu hinterfragen.

Hypothese A2 Kriterium Nr. 1 **Mein Alkoholtrinkverhalten brachte deutlich negative Konsequenzen mit sich.**	
Indikator	**erfüllt?**
Meine Gesundheit (körperlich oder psychisch) hat unter meinem Alkoholkonsum gelitten	☐
Ich verspüre das starke Verlangen Alkohol zu trinken	☐
Ich wünsche mir, meinen Alkoholkonsum besser kontrollieren, verringern oder ganz stoppen zu können – was mir aber kaum, oder gar nicht gelingt	☐
Ich trinke mehr und länger als ich ursprünglich geplant hatte	☐
Ich habe mich betrunken in Gefahr gebracht (Schlägereien, unbedachte gefährliche Aktionen, wie dünnes Eis betreten oder in großen Höhen Klettern)	☐
Ich habe ein Fahrzeug geführt, obwohl mir bewusst war, dass ich dazu nicht in der Lage bin und dies dadurch sehr gefährlich wird	☐
Ich verspüre Entzugssyndrome, wenn ich aufhöre zu trinken	☐
Ich habe schonmal Alkohol getrunken, um Entzugssyndrome zu lindern	☐

Ich vertrage (sehr) viel Alkohol, habe also bereits eine hohe Toleranz aufgebaut	☐
Ich trank Alkohol wiederholt mit der Folge, dass meine Erfüllung wichtiger Pflichten (Schule, Arbeit, zu Hause) mangelhaft war	☐
Ich gehe meinen beruflichen, sozialen und Freizeitinteressen weniger stark, seltener und weniger interessiert nach als früher	☐
Alkohol - von Einkauf über Konsum bis zum Auskatern - nimmt heute deutlich mehr Raum und Zeit in meinem Leben in Anspruch als früher (und als mir lieb ist?)	☐
Obwohl ich negative körperliche und psychische Auswirkungen des Alkoholkonsums verspüre, trinke ich weiter	☐
Obwohl ich negative Auswirkungen auf Beruf, Freundschaften, familiäre oder partnerschaftliche Bindungen bemerkt habe, trinke ich weiter	☐

Bei der Frage nach der klinischen Bedeutung deines Konsums ist besonders Kriterium 1 wichtig. Kreuzt du hier Indikator 1 an – bitte sei ehrlich – ist das gesichert mindestens schädlicher Konsum nach ICD-10.

Ein Indikator gilt als erfüllt, wenn er über mehrere Wochen am Stück oder mehrmals im Jahr zutreffend ist.

Für die Einordnung einer *Alkoholgebrauchsstörung* nach DSM-5 sind die Indikatoren 2-12 des Kriteriums 1 (also die Tabelle auf der Seite vor diesem Absatz) entscheidend. Als Orientierungshilfe bietet sich folgende Skala an:

Anzahl erfüllter Indikatoren	**Bewertung nach DSM-5**	**MPU -Hypothese**
0-1	Keine Relevanz	A3 (A2)
2-3	Moderate Substanzgebrauchsstörung	A2 (A3)
4 und mehr	Schwere Substanzgebrauchsstörung	A2 (A1)

Hypothese A2 Kriterium Nr. 2 **Meine Akte in Flensburg ist reich gefüllt.**	
Indikator	**erfüllt?**
Ich habe bereits einen Kurs zur Wiederherstellung der Kraftfahreignung nach §70 der FeV absolviert und bin trotzdem rückfällig geworden	☐
Ich habe schon einmal eine MPU (wegen Alkohol) bestanden	☐
In meiner Akte sind mindestens zwei Entziehungen der Fahrerlaubnis vermerkt	☐

Hypothese A2 Kriterium Nr. 3 **Ich habe, auch wegen meiner hohen Toleranz, stark alkoholisiert ein Auto geführt.**	
Indikator	**erfüllt?**
Ich fühle mich auch mit über einem Promille kaum verändert und denke rationale Entscheidungen treffen zu können	☐
Weder positive noch negative Folgen des Alkoholkonsums sind mir bewusst	☐
Ich trinke auch mal ungeplant und / oder für mich selbst überraschend	☐
Sofern ich mehrfach betrunken im Straßenverkehr auffällig wurde, hat sich meine BAK gesteigert	☐
Ich habe eine Trunkenheitsfahrt mit mehr als 2 ‰	☐
Ich habe eine Trunkenheitsfahrt mit über 1,6 ‰, aber ohne großartige Ausfallerscheinungen (siehe Torkelbogen)	☐
Ich habe eine Trunkenheitsfahrt mit mehr als 1.1 ‰ zu unüblichen Zeiten (also tagsüber, morgens)	☐
Ich trinke regelmäßig und auch manchmal mehrfach am Tag (z.B. morgens Frühschoppen & nachmittags weitertrinken)	☐

Hypothese A2 Kriterium Nr. 4 **Mein Alkoholtrinkverhalten hatte (starke) Auswirkungen auf mein Sozialverhalten und mein Sozialleben.**	
Indikator	**erfüllt?**
Ich war, oder bin, unfähig mich von sozialen Bindungen zu lösen, die in der Vergangenheit Probleme ausgelöst haben	☐
Mein Alkoholkonsum hat zu Krisen und Konflikten (z.B. Trennung, Scheidung, Kündigung) geführt, oder diese gänzlich verursacht. Trotz dessen habe ich die Trinkmenge nicht reduziert	☐
Ich habe von mir nahestehenden Personen die Empfehlung bekommen, eine Suchtberatung oder Selbsthilfegruppe zu besuchen	☐
Habe ich kritisches, oder warnendes, Feedback zu meinem Trinkverhalten erhalten, konnte ich im Anschluss (wenn überhaupt) nur kurzfristig die Trinkmengen und Anlässe reduzieren	☐

Hypothese A2 Kriterium Nr. 5 **Der Alkohol hat meine Fitness und Leistungsfähigkeit spürbar herabgesetzt.**	
Indikator	**erfüllt?**
Ich bin reizbar und unausgeglichen – besonders, wenn ich viel trinke	☐

Ich habe schonmal Trinkpausen eingelegt, um besondere Herausforderungen (Prüfungen, Lehrgänge, Umzüge...) zu meistern	☐
Mir wurde bereits von meinem Arzt geraten meinen Alkoholkonsum zu reduzieren	☐
Mein Körper trägt Spuren des vielen Alkoholkonsums. Das können z.B. Koordinationsstörungen, Standunsicherheit, oder eine vergrößerte Leber sein	☐

Hypothese A2 Kriterium Nr. 6

Selbstkontrolle und Selbstregulation des Alkoholkonsums fallen mir schwer.

Indikator	**erfüllt?**
Ich halte es für notwendig (dauerhaft) abstinent zu sein	☐
Beispielsweise um sicherzugehen, dass ich nicht abhängig bin, habe ich in der Vergangenheit mehrfach komplett auf Alkohol verzichtet	☐
Ich habe während eines Abstinenznachweises getrunken	☐
Trotz ärztlicher Diagnose von negativen Auswirkungen auf meine Gesundheit habe ich mein Trinkverhalten nicht verändert	☐

Ich erscheine angetrunken oder verkatert zur MPU	☐
Bei zukünftigen Trinkereignissen werde ich (locker) mehr als 1,6 Promille erreichen	☐

Hypothese A2 Kriterium Nr. 7

Meine Trinkmotive, Bedingungen und Trinkmengen lagen weit außerhalb gesellschaftlicher Konventionen und Normen.

Indikator	erfüllt?
Ich habe ohne besonderen Anlass bereits morgens getrunken	☐
Ich habe Alkohol in großen, schnellen Schlücken getrunken (Stiefeltrinken, Exen etc.)	☐
Ich habe vorwiegend getrunken, um mich zu berauschen und damit psychische Spannungen bzw. problematische Gefühle abzuschalten	☐
Ich halte gewisse Trinkanlässe mit größerem Konsum für nicht zu 100 % vermeidbar bzw. vorhersehbar	☐
Ich habe Alkohol wiederholt benutzt, um Symptome psychischer Erkrankungen (z.B. Psychose, Depressionen) zu bekämpfen	☐

Hypothese A3: Alkoholgefährdung

Hypothese A3 Kriterium Nr. 1 **Ich habe eine überdurchschnittlich gesteigerte Alkoholtoleranz und/oder unkontrollierte Trinkepisoden.**	
Indikator	**erfüllt?**
Ich habe eine aktenkundige Trunkenheitsfahrt mit 1,6 oder mehr Promille	☐
Ich habe eine aktenkundige Trunkenheitsfahrt mit BAK unter 1,6 Promille, die durch Rückrechnung einen BAK von min. 1,6 bei Fahrtzeitpunkt aufweist	☐
Ich habe eine aktenkundige BAK von unter 1,1 Promille, die jedoch auf Restalkohol zurückzuführen war	☐
Trotz absoluter Fahruntüchtigkeit (1,1 Promille oder mehr als 0,55 mg/l AAK) habe ich mich bei meiner Trunkenheitsfahrt ziemlich nüchtern gefühlt	☐
Trotz absoluter Fahruntüchtigkeit sind in meinem Polizeibericht und Torkelbogen keine schwerwiegenden Beeinträchtigungen notiert	☐
Trotz absoluter Fahruntüchtigkeit (>1,1 Promille) habe ich eine mehr als 3 km lange Fahrstrecke zurückgelegt oder laut Torkelbogen kaum Ausfallerscheinungen	☐

Ich spüre bei 0,5 Promille noch keine richtige Alkoholwirkung	☐
Ich habe häufiger Alkohol konsumiert und dabei 1,1 bis 1,3 Promille BAK erreicht	☐
Es gab Situationen, in denen ich den Überblick über konsumierte Trinkmenge verloren habe	☐
Meine durchschnittliche Trinkmenge lag im Bereich des gefährlichen Alkoholkonsums (durchschnittlich ♂ 60-120 g bzw. ♀ 40-80 g pro Trinkanlass)	☐
Es gab unkontrollierte Trinkepisoden (Filmrisse, Erbrechen, sozial unangemessenes Verhalten)	☐

Hypothese A3 Kriterium Nr. 2

Persönliche, nicht soziale Trinkmotive und eine Neigung zu ausgeprägtem Entlastungstrinken.

Indikator	**erfüllt?**
Ich habe Alkohol konsumiert, um meine Stimmung zu heben (z.B. depressive Verstimmung, Wut, Angst, Ärger)	☐
Ich habe mit guter Laune oder zum Feiern unkontrollierter Alkohol getrunken	☐

Ich habe Alkohol getrunken, um mich in geselligen Situationen besser zu fühlen (z.B. um leichter Kontakt aufzubauen, mein Selbstwertgefühl oder Selbstbewusstsein zu steigern)	☐
In belastenden Lebenssituationen (z.B.: Tot eines Angehörigen, Krankheit, Arbeitslosigkeit) habe ich vermehrt Alkohol getrunken	☐
Wegen Veränderungen der Lebensumstände (z.B. Umzug, Migration, Scheidung, Trennung) habe ich vermehrt Alkohol getrunken	☐
Es gab gesteigerten Alkoholkonsum in Übergängen von Lebensphasen (z.B. Pubertät, Familiengründung, Mid-Life-Problematik, Pensionierung)	☐
Ich habe wegen eines traumatischen Ereignisses vermehrt Alkohol getrunken	☐
Ich habe regelmäßig Alkohol getrunken, um runterzukommen oder zu entspannen	☐
Ich habe auf bestehende Belastungen sensibel reagiert (z.B. resignative Grundhaltung, Neigung zur Dramatisierung, geringe Selbstwirksamkeitserwartung)	☐
In Belastungssituationen habe ich unangemessener “Beratung” aufgesucht (“Trink doch erstmal mal einen”) z.B. in Form von Thekenbekanntschaften	☐

A4: Auffälligkeit mit fahrerlaubnisbefreitem Fahrzeug

Für Hypothese A4 gibt es keine einschlägige Checkliste – du wirst wohl selbst wissen, warum du zur MPU musst. Um deine MPU zu bestehen, kannst bzw. musst du genauso vorgehen wie für jede andere Alkohol-MPU auch. Am Anfang ist lediglich entscheidend, ob du einen Abstinenznachweis benötigst, oder auch mit kontrolliertem Trinken bestehen kannst. Dafür kannst du dich an der Tabelle A3: Alkoholgefährdung orientieren. Ist dein Konsumverhalten am ehesten in dieser Kategorie angesiedelt, kannst du ohne Abstinenznachweis und eben mit kontrolliertem Trinken deine MPU bestehen. Falls dein Trinkverhalten A1 oder A2 zu zuordnen ist, musst du analog den jeweiligen Lösungsansätzen folgen, inklusive Abstinenznachweis. Auch mit A4 ist ein Abstinenznachweis oder kontrolliertes Trinken Pflicht. Das mag dir ungerecht erscheinen, ist aber leider so vorgesehen. Ich empfehle auch hier dringend eine Vorbereitung gemäß Hypothese A2.

Ich passe in keine Kategorie

Das ist „unmöglich“. Zumindest in der Logik der MPU – denn jeder, der zur MPU muss, hat auch ein entsprechendes Problem. Es tut mir leid, wenn du in keine der angeführten Kategorien passt. Dann musst du dein Trinkverhalten in deiner persönlichen Geschichte so anpassen, dass du in Hypothese 3 passt. Denn wenn du das nicht tust und deinen Alkoholkonsum -wahrheitsgemäß- als unproblematisch beschreibst, wird dir vom Psychologen zwangsläufig unterstellt, dass du deine Probleme leugnest, dich selbst belügst und dementsprechend noch keine Einsicht hattest. Du fällst also durch. Erneut weise ich darauf hin, dass ich die Regeln nicht mache und lediglich den Status Quo beschreibe – das System MPU ist in mancherlei Hinsicht fragwürdig. Wir können es nicht ändern und müssen damit leben bzw. arbeiten. Und das bedeutet für dich, dass du dich eben schlechter darstellst, als du in Wirklichkeit bist und mindestens Hypothese A3 entsprechen musst.

Brauche ich nun einen Abstinenznachweis?

Weiterhin empfehle ich immer noch allen einen 12-monatigen Abstinenznachweis. Die MPU ist mit einem solchen Nachweis einfach leichter zu bestehen. Bist du Hypothese A1 zugeordnet, brauchst du ihn **zwangsläufig**. Bist du in A2 anzusiedeln, brauchst du ihn nahezu **unbedingt.** Theoretisch gibt es mittlerweile (seit 01.07.2023) auch die Möglichkeit mit A2 und kontrolliertem Trinken zu bestehen. Theoretisch.

Praktisch gibt es dazu Stand heute (09/2023) noch keine Erfahrungen. Ich rate daher absolut dringend davon ab und erwähne es nur der Vollständigkeit halber. Die Hürden für A2 und kontrolliertes Trinken sind in der Theorie auch immens hoch gesetzt und sehen u.a. eine *spezifische* psychologische Therapie vor. Also keine MPU-Vorbereitung, sondern eine explizite Behandlung zum kontrollierten Trinken.

Bist du Hypothese 3 zugeordnet kommt, es auf deine zukünftige Planung an. Denn als Delinquent in der MPU hast du, was zukünftigen Alkoholkonsum angeht, nur die Wahl zwischen **vollkommener Abstinenz** oder **kontrolliertem Trinken.** Ein erneuter krasser Widerspruch zur gesellschaftlichen Realität, mit dem wir leben müssen. Du wirst im Laufe deiner MPU also entweder sagen, dass du nie wieder Alkohol anrühren möchtest, oder kontrolliert trinken willst.

Kontrolliertes Trinken heißt nicht, dass du jetzt schlicht auf deinen Konsum achtest. Sondern, dass du nie so viel trinkst, dass dein Bewusstsein getrübt wird, du also eine Wirkung spürst. Das bedeutet allerhöchstens 0,5 Promille zu seltenen, besonderen Anlässen, also höchstens einmal im Monat. Eine MPU mit kontrolliertem Trinken zu bestehen, ist besonders schwierig – daher widme ich ihm in diesem Buch ein eigenes Kapitel. Ich rate erneut dazu, einfach einen 12-monatigen Abstinenznachweis zu machen und zu behaupten, nie wieder Alkohol anrühren zu wollen. Es ist schlicht der sicherste Weg zurück zum Führerschein.

Der schnellste Weg zur bestandenen MPU hingegen geht eindeutig über das kontrollierte Trinken, denn es wird kein Abstinenznachweis vorausgesetzt.

Brauche ich einen Abstinenznachweis?

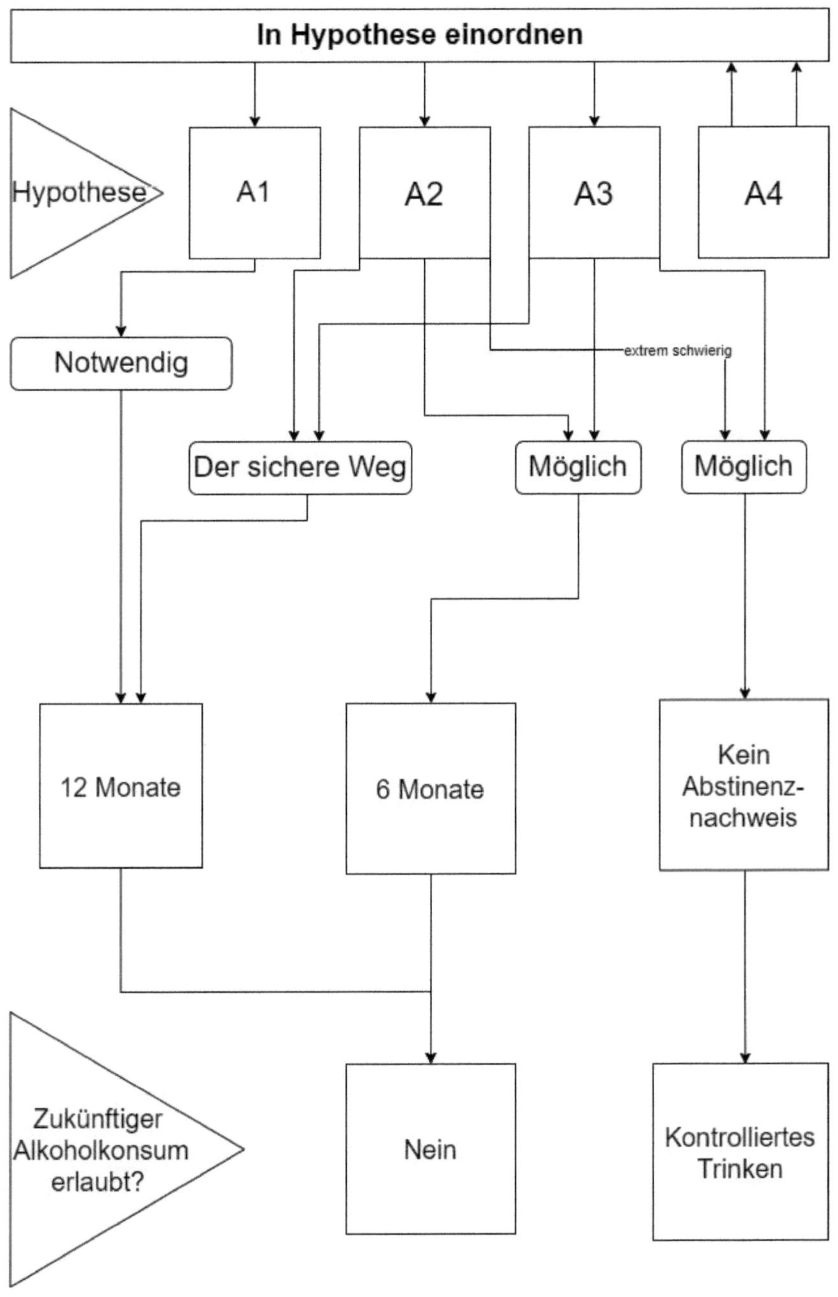

Bis hierhin

Herzlichen Glückwunsch – du hast die erste Hälfte deiner Vorbereitung geschafft. Nun ist es Zeit einmal zusammenzufassen und zu überprüfen, ob du alle notwendigen Schritte bereits erledigt bzw. eingeleitet hast. Was muss bis hierhin geschehen sein, welche Schritte unternommen, welche Fragen beantworten?

- ✓ Du hast deine Akte vom Straßenverkehrsamt bekommen
- ✓ Du hast begonnen deine persönliche MPU-Geschichte aufzuschreiben
- ✓ Bereits notiert sind die Antworten zu den Fragen aus:
    - ➢ Was war früher?
    - ➢ Was war am Tag des Führerscheinentzugs?
- ✓ Du hast deine Antworten mit den Checklisten verglichen und hast dein Konsumverhalten einer Hypothese zugeordnet
- ✓ Du kannst dein Konsumverhalten kritisch einordnen und beschreiben
- ✓ Du hast deinen Abstinenznachweis begonnen
- ✓ Sofern du A3 zuzuordnen bist und mit kontrolliertem Trinken bestehen willst, hast du das Kapitel dazu bereits gelesen und bist dir darüber im Klaren, dass deine MPU sehr schwierig wird

Kapitel 3: Veränderungsdiagnostik - Was ist heute?

Nachdem der Psychologe in deiner MPU die Einordnung in deine entsprechende Hypothese vorgenommen hat, wird überprüft, ob du die notwendigen Schritte erledigt hast, um wieder ein Fahrzeug führen zu dürfen. Also, ob und inwieweit du dich geändert hast. Ob du deinen Lern- und Veränderungsprozess weit genug vorangetrieben hast, um problematische Verhaltensweisen stabil zu vermeiden, sodass es keine begründeten Zweifel mehr an deiner Fahreignung gibt. Das ist der entscheidende Teil deiner MPU und der wesentliche Bestandteil deiner Vorbereitung. Es dreht sich alles darum, dass du dich verändert hast, warum du dich verändert hat und wieso dir diese persönliche Veränderung sehr gut gefällt.

Erst nach und wegen der Veränderung, wegen diesem durchlaufenen Prozess, ist es wieder möglich dir einen Führerschein auszuhändigen. Grundsätzlich ist der Ablauf dieser Veränderungen immer gleich. Daher folgt dieses Kapitel einem ähnlichen Aufbau: Erst besprechen wir die notwendigen Schritte einmal grundsätzlich anhand der zielführenden Fragen, anschließend im Detail für die einzelnen Hypothesen. In diesem Kapitel lernst du also, wie du in deiner MPU-Geschichte deine „neue“, veränderte Persönlichkeit beschreibst, wie diese Veränderung abgelaufen ist und warum dieser Mensch heute, in der MPU, ein anderer, besser ist als derjenige, der den Führerschein einst verloren hat. Und warum es mittlerweile nicht den Hauch eines Zweifels bezüglich deiner Fahreignung gibt. Um dieses komplexe Thema weitgehend verständlich abzubilden, betrachten wir es detailliert von zwei Seiten her. Die zielführenden Fragen lauten:

- Warum habe ich mich geändert?
- Wie habe ich mich geändert?

Die Motivation: Warum habe ich mich geändert?

Neben den Grundkriterien (siehe Einleitung) ist für alle Hypothesen ein Merkmal identisch: die Einsicht. Du musst dich in der MPU einsichtig zeigen. Daran gibt es nichts zu rütteln, du, nur du allein, hast etwas falsch gemacht. Das bedeutet, du musst dem Psychologen mitteilen, dass du ehrlich bereust, etwas Falsches gemacht zu haben. Erst aus der notwendigen Einsicht, die unbedingt Teil deiner Erzählung in der MPU sein muss, folgt deine stabile Motivation dich zu verändern. Dabei hast du gleich zwei Dinge falsch gemacht:

Zum einen unter Alkoholeinfluss am Straßenverkehr teilgenommen. Damit hast du dich und andere gefährdet – das ist der sogenannte *Trink-Fahrkonflikt*. Außerdem hast du deinen Alkoholkonsum nicht vollständig den sozialen Normen (oder eher dem, was die MPU-Leitlinien dafür halten) entsprechend unter Kontrolle gehabt. Erst durch dieses problematische Konsumverhalten wurde der Trink-Fahrkonflikt möglich. Aus diesen beiden Problemen folgt notwendigerweise:

Es ist richtig, dass ich zur MPU muss.

Auch wenn du denkst, dass du zu Unrecht eine MPU ablegen musst: Das Straßenverkehrsamt hat **begründete Zweifel** an deiner Fahreignung. Daher ist es vollkommen **richtig**, dass du zur MPU musst. Denn zu der Zeit, als die Zweifel aufkamen, waren sie auch begründet. Das hast du eingesehen und bereust es mittlerweile. Bagatellisierst du, oder zeigst dich ob der Aufforderung zur MPU uneinsichtig, bist du mit nahezu an Sicherheit grenzender Wahrscheinlichkeit bereits durchgefallen. Also akzeptiere einfach, dass es richtig ist und gewichtige Gründe gab. Über die Sinnhaftigkeit, ob du wirklich eine Gefährdung für den Straßenverkehr bist oder ob die Aufforderung zur MPU angemessen ist, zu diskutieren, bringt nichts. In der MPU sorgen solchen Ansichten tatsächlich für ein negatives Gutachten. Um den Psychologen von deiner Einsicht zu überzeugen, eignet sich bereits der Anfang eures Gesprächs: „Warum sind Sie heute hier?“, oder, „Wissen Sie, warum Sie heute hier sind?“, sind beliebte Fragen, um die MPU zu eröffnen. Sie bieten gleich zwei vortreffliche Vorlagen, um Pluspunkte auf dem Weg zur positiven MPU zu sammeln. Die Antwort auf die Frage solltest du wahrheitsgemäß und detailliert beantworten:

Um die berechtigten Zweifel an meiner Fahreignung auszuräumen...

Mit diesem Satz beweist du unter anderem, dass du dich auf die MPU vorbereitet hast. Das ist positiv, denn es zeigt, dass du das Ganze wirklich ernst nimmst. Außerdem betonst du so, dass du überzeugt bist, dass die Zweifel früher absolut berechtigt waren. Eben wegen des nicht strikten Trennens von Alkoholkonsum und der Teilnahme am Straßenverkehr. Heute ist dir das bewusst. Doch du hast schließlich einen **Prozess durchlaufen und dich verändert**. Daher gibt es heute keine Zweifel mehr an deiner Fahreignung. Um das zu beweisen, bist du in der MPU.

Und das beweist du unter anderem damit, dass du zugibst, damals zu viel getrunken zu haben. Stichwort p*roblematisches Konsummuster / Konsumverhalten.* Du solltest dich bei der Beschreibung deines früheren, problematischen Konsummusters an den Ergebnissen aus dem ersten Kapitel 2 (Was war früher & Einordnung in eine Hypothese) orientieren. Fällst du unter A1, warst du süchtig. Bei A2 hast du den Alkohol missbraucht. Fällst du unter Hypothese A3 oder A4, lag eine Alkoholgefährdung vor. Sauberes differenzieren der Begriffe ist wichtig, denn, wenn du dich süchtig nennst, musst du gewichtige Schritte unternommen haben, um deinen Führerschein zurückzuerhalten.

Problembeschreibung pro Hypothese

Hypothese	Problem	Beschreibung	Lösung
A1	Sucht	Ich war süchtig	Ich habe die Sucht besiegt
A2	Missbrauch	Ich habe Alkohol missbraucht, um Probleme zu verdrängen	Ich habe meine Probleme gelöst und Strategien erlernt, um neue Probleme ohne Drogen zu bewältigen
A3	Gefährdung	Ich habe bedenklich viel Alkohol konsumiert	Ich habe eingesehen, dass ich unter Umständen ein problematisches Konsumverhalten entwickeln könnte. Um das zu vermeiden a) Lebe ich nun abstinent b) Trinke ich nur noch kontrolliert
A4	Konsum und Fahren nicht strikt getrennt	Ich war mir der Rauschfolgen und Gefahr für den Straßenverkehr nicht im Klaren.	Entsprechend dem Trinkverhalten und gemessener BAK entweder A1, A2, oder A3. Empfehlung: A2.

Um dein früheres, problematisches Konsumverhalten zu beschreiben, können dir einige Standardsätze und Formulierungen weiterhelfen. Sie sind nützlich, um aus deinen Notizen und Stichpunkten deine vollständige, ausformulierte MPU-Geschichte zu machen.

Wertvolle Formulierungen:

- Rückblickend hatte der Alkoholkonsum viel mit meiner Einstellung und meinem Selbstbild zu tun
- Ich hatte ein negatives Selbstbild
- Früher hatte ich kaum Selbstbewusstsein
- Ich dachte oft ...
- Ich hatte oft das Gefühl, dass ...
- Ich hatte oft starke Zweifel
- Ich war wegen X und Y besorgt
- Dann etwas zu trinken bewirkte, dass ...
- Dann auszugehen und zu trinken ...
- Wenn ich dann in die Bar ging ...

Du hast also eingesehen, dass du ein Problem mit Alkohol hattest. Das ist eine notwendige Einsicht für deine MPU. Denn erst diese Erkenntnis hat dich wachgerüttelt / aufgeschreckt / schockiert und dazu geführt, dass du dich mit deinem Verhalten und Konsummuster intensiv auseinandergesetzt hast (Was war früher & am Tag des Führerscheinentzugs). Das geschieht spätestens im Zuge der MPU-Vorbereitung. Nach der Einsicht folgt **die Auseinandersetzung**. Während dieser Auseinandersetzung sollte dir außerdem etwas anderes klar geworden sein, dass du unbedingt in der MPU ansprechen musst:

Ich habe mich und andere durch mein Verhalten gefährdet.

Denn dein unverantwortliches Verhalten und die betrunkene Teilnahme am Straßenverkehr hätte Menschenleben kosten können. Und dir dadurch mal eben deine gesamte Zukunft versauen. Zum einen möchte der Psychologe das unbedingt hören – dass du jetzt realisiert hast, dass du unverantwortlich gehandelt hast. Zum anderen hast du, wenn du mit mehr als 0.5 Promille im Auto gesessen hast, verdammt viel Glück gehabt. Denn du hättest tatsächlich fahrlässig jemanden umbringen können. Diese Erkenntnis ist Teil deiner Motivation, warum du dich verändert hast.

Denn dein problematisches Konsumverhalten hat dazu geführt, dass du am Straßenverkehr teilgenommen hast, obwohl du dazu nicht in der Lage warst. Das hätte tödlich enden können – diese schockierende Einsicht ist eindeutig ein Grund, um für eine stabile Verhaltensänderung motiviert zu sein.

Dafür bin ich dankbar.

Ob dem ganzen Aufwand für die MPU mag das vielleicht etwas höhnisch klingen. Dankbarkeit für die (teure) und aufwendige Abstinenz, für eine längere Zeit ohne Führerschein? Für den ganzen Stress? Aber indem du klarstellst, dass du im Nachhinein dankbar für die Aufforderung zur MPU bist, stellst du unter Beweis, wie **zufrieden** du **mit deiner Veränderung** bist. Du bist schlicht froh, dass es diesen einen Auslöser gab, um dein Verhalten mal kritisch zu hinterfragen. Denn der Prozess, der dadurch losgetreten wurde, hat nicht nur dazu geführt, dass du wieder ein absolut sicherer Verkehrsteilnehmer geworden bist, sondern auch, dass es dir heute sehr gut geht – vor allem deutlich besser als zur Zeit der Auffälligkeit(en).

Die stabile Verhaltensänderung

Ich habe (ein) Problem(e)

Womit?
Wie äußert es sich?
Wie wirkt es sich auf mein Leben aus?

Einsicht

Ich will es ändern

Warum?
Wie will ich das schaffen?
Wer oder was kann mir helfen?

Motivation

Ich arbeite an mir

Wie?
Was mache ich anders?
Wie lauten meine Ziele?
Was sind meine Strategien?

Veränderung

Es fühlt sich gut an

Was hat sich verändert?
Wie fühlt es sich an?
Wo hat sich mein Leben verbessert?

Erfolge

**Die Verhaltensänderung ist stabil. Daher gibt es keine begründeten Zweifel an der Fahreignung mehr.
= Positive MPU**

Wie habe ich mich geändert?

Es gab also einen (wahrscheinlich durch die MPU-Aufforderung bedingten) grundlegenden Wandel in deiner Einstellung. Du bewertest alles, was mit Alkohol zu tun hat, heute anders, kritischer. Außerdem siehst du in Alkohol keine Ablenkung oder Belohnung mehr, sondern lediglich ein mit Vorsicht zu genießendes Suchtmittel. Denn er hat dich dazu gebracht ein Fahrzeug zu führen, als du dazu nicht in der Lage warst. Auch wenn dein subjektiver Eindruck ein anderer war (*„Ich habe mich nüchtern und fahrtauglich gefühlt“*), weißt du heute, dass du, nach gesichertem wissenschaftlichen Erkenntnisstand, nicht fahrtauglich warst. Das bedeutet auch, dass du dich und andere potenziell in Lebensgefahr gebracht hast. Ergo kannst du glücklich darüber sein, dass nichts Schlimmes passiert ist und du nur zur MPU musst.

Ferner hast du nun also begriffen, dass es Gründe für deinen problematischen Alkoholkonsum gab. Du solltest ja bereits im letzten Kapitel in dich gehen und diese Gründe identifizieren. Wahrheitsgemäße Angaben sind immer leichter vorzubringen, als komplett erlogene. Daher zeige ich dir erst in diesem Kapitel weitere mögliche innere und äußere Gründe, die man in der MPU als Grund für sein Alkoholproblem anführen könnte.

Hier gilt es vorsichtig zu sein – in welcher Hypothese hast du dich eingeordnet, oder möchtest du eingeordnet werden? Am einfachsten wird die MPU bekanntlich mit A2. Indem du innere und äußere Gründe identifizierst, wird glaubhaft, dass du ein Alkoholproblem hattest. Du hast also die Droge missbraucht, um Probleme zu verdrängen und zu vergessen. Salopp gesagt stehen die MPU-Psychologen da drauf. Jeder, der wegen Alkohol in die MPU muss, hat, im Auge des Psychologen, auch ein echtes Problem. Und prinzipiell empfiehlt sich sowieso für jede MPU ein einjähriger Abstinenznachweis. Daher geh den einfachen, sicheren Weg und entscheide dich für A2. Versuche die inneren und äußeren Gründe zu identifizieren, die am besten zu deiner damaligen Lebensphase passten.

Die Listen dienen nur als Beispiele und sind selbstverständlich nicht vollständig. Du kannst deine Notizen aus Kapitel 2 an dieser Stelle noch ergänzen, wenn einige dieser Bedingungen auch zu deiner Trinkmotivation passten. Ich empfehle 1-3 Gründe in deiner MPU-Geschichte anzuführen und diese auch mit Beispielsituationen zu belegen:

Ich erinnere mich noch, als meine Freundin im Januar 2019 mit mir Schluss gemacht hat. Ich habe mich einsam und traurig gefühlt – doch statt mich den Gefühlen zu stellen und sie zu akzeptieren, habe ich mich mit Freunden zum Ausgehen getroffen. Wir haben einen drauf gemacht. Ich war betrunken und euphorisch, obwohl das gar nicht zu meiner Stimmung gepasst hat. Der Kater und die niedergeschlagene Stimmung die nächsten Tage waren furchtbar.

Innere Gründe:

- Einsamkeit
- Traurigkeit (warum?)
- Langweile / Unterforderung
- Perspektivlosigkeit
- Leistungsdruck
- Schmerz
- Kein Selbstvertrauen (Wenn ich getrunken habe, hatte ich plötzlich Selbstvertrauen)
- Ausblenden von Missstimmungen
- Missempfindungen
- Unangenehme Erfahrungen
- Abbau seelischen Stresses
- Angst oder psychischer Schmerz
- Posttraumatische Belastungsstörungen
- Depression
- Umgang mit Empfindungen innerer Leere
- Frustration

- Unterforderung
- Verlust an Lebensperspektiven oder Lebenssinn
- Unterdrückter Ärger
- Zu geringes Selbstwertgefühl
- Fehlen von Ruhe, Gelassenheit und Geborgenheit

An dieser Stelle ein ernst gemeinter Appell an alle Leser:

In der Regel landest du bei der MPU, weil du aus medizinischer und / oder psychologischer Sicht dort auch wirklich was zu suchen hast. Sofern du bei 1.8 Promille noch nicht mit akuter Alkoholvergiftung im Krankenhaus landest, ist dies bereits der Fall. Das mag vor allem Vereinssportlern, Keglern und Lesern vom Dorf etwas krass erscheinen, entspricht aber der wissenschaftlichen Realität. Nur weil dein Konsum in deinem Umfeld durchschnittlich, wenn nicht gar gering war, lässt sich davon kein Rückschluss auf die (unbedenkliche) Norm ziehen. Schon gar nicht bedeutet dies, dass dein Alkoholkonsum unproblematisch war.

Ich bitte dich ehrlich mit dir selbst zu sein – liegen deinem Konsum eventuell tatsächlich tieferliegende Probleme, Ängste oder Sorgen zu Grunde?

Du solltest genau in dich hineinlauschen. Treffen eventuell einige Punkte aus der obigen Liste tatsächlich auf dich zu? Gab es andere Gründe für deinen Alkoholkonsum? Persönliche Gründe? Belastende Gründe? Peinliche, traurige Gegebenheiten? Ich empfehle dir unbedingt, dich intensiv mit dem **warum** zu befassen. Findest du tatsächlich Gründe für den erhöhten Alkoholkonsum, lässt sich daraus glaubwürdig eine überzeugende Geschichte konstruieren, um ein positives Gutachten zu erlangen. **Warum habe ich getrunken**?... Ist die **wichtigste Frage** in deiner gesamten MPU-Vorbereitung.

Dir über die Gründe klar zu werden, warum du im Übermaß Alkohol konsumierst / konsumiert hast, kann dich, nebenbei bemerkt, zu einer glücklicheren und stärkeren Person werden lassen. Denn langfristig endet der Missbrauch von Substanzen meist negativ.

Falls du trotz alledem nicht in der Lage bist, deine persönlichen Gründe zu finden, kannst du einige der inneren und äußeren Gründe aus diesem Kapitel nutzen. Sie sind durchaus valide und als Grundlage für ein positives Gutachten ausreichend.

Äußere Gründe:

- Krankheit
- Todesfall
- Man wurde Opfer einer schweren Straftat
- Trennung
- Scheidung
- Unternehmensproblem
- Schwierige Strukturen am Arbeitsplatz
- Probleme mit dem Lebenspartner
- Meine Mutter sagte mal, ich wäre eine schwere Geburt gewesen... Das belastete mich mehr, als mir klar war
- Ich war immer der Kleinste
- Ich hatte nie Erfolg bei Frauen

Notiere deine persönlichen Gründe. Um die MPU zu bestehen, musst du unbedingt erklären, welche Gefühle und Befindlichkeiten deinen problematischen Alkoholkonsum ausgelöst haben.

Die tiefgreifende Problemeinsicht

Die häufigste Anmerkung, die ich Klienten im Rahmen eines Story Check-Ups (du kannst mir deine ausformulierte Geschichte schicken & bekommst Feedback, sowie Verbesserungsvorschläge von mir) mache, ist, dass mir die Tiefe der Analyse der zu Grunde liegenden Problematiken, Gefühle und Dynamiken noch nicht ausreicht. Dass du also mehr über die höchst persönlichen Einsichten, Motivationen und Gefühle sprechen solltest.

Gerne benutze ich die Formulierung „Emotionaler Seelen-Striptease", denn es geht darum, dich und deine Gefühlswelt vor dem Psychologen gewissermaßen zu entblößen. (Wofür man sie selbst gut verstanden haben sollte). Denn nur aus deinem tiefen Verständnis für deine eigene Verletzbarkeit und negativen Befindlichkeiten kann eine überzeugende Entscheidung reifen, vollkommen auf Alkohol verzichten zu wollen. Sonst könnte der MPU-Psychologe zwar sagen, dass du in Grundzügen auf dem richtigen Weg bist, er aber noch kein positives Gutachten ausstellen kann.

Viele dieser Gründe sind ganz normale Probleme, mit denen jeder Mensch mal zu kämpfen hat. Wir lösen die Probleme und bewältigen die Hindernisse, die sie für uns bedeuten. Vor deiner MPU ist dir die Lösung nicht immer gut gelungen – du hast sie verdrängt und versucht sie mit Hilfe von Alkohol zu vergessen. Ob du diese Einschätzung teilst, ist dabei leider nicht so relevant – denn der Psychologe und die MPU-Anforderungen verlangen diese Selbsterkenntnis von dir. Mindestens genauso wichtig ist, dass du diese Herausforderungen heute anders angehst:

Ich gehe heute anders mit meinen Problemen um.

Denn mittlerweile hast du gelernt, Probleme auf gesunde Art und Weise -alkoholfrei- zu lösen. Wenn du jetzt mit einer stressigen, bedrückenden oder ausweglosen Situation konfrontiert bist, kannst und willst du dich ihr stellen. Denn du hast dir wirksame Strategien zur Lösung angeeignet und dadurch gelernt, deine Probleme alkoholfrei zu meistern. Das ist der vorletzte Schritt zu deiner vollständigen MPU-Geschichte: deine Lösungsstrategien.

Eventuell kennst du noch keine Strategien und Herangehensweisen, um Probleme und Herausforderungen drogenfrei zu lösen. Dafür findest du im Folgenden valide Beispiele.

Gerade dieser Schritt ruft bei vielen Klienten oft eine Abwehrhaltung hervor *„So einen Schwachsinn soll ich in der MPU erzählen?!"; „Und das soll mir jetzt helfen nicht mehr besoffen Auto zu fahren?!"* Bis zu einem gewissen Grad teile ich diese Skepsis – dennoch benötigst du unbedingt Lösungsstrategien, um deine MPU zu bestehen. Such dir die 1-2 Strategien, die dir am meisten zusagen, aus und probiere sie doch einfach mal in belastenden Situationen. Du wirst sehen, ein bisschen helfen sie tatsächlich.

Gerade, wenn du zu ausgeprägtem Entlastungstrinken geneigt hast, können dir Sport oder eine friedvolle Umgebung in der Natur sehr helfen in stressigen Situationen etwas herunterzukommen. In jedem Fall musst du in der MPU neue Verhaltensmuster für herausfordernde Situationen präsentieren – was am leichtesten gelingt, wenn du sie tatsächlich mal ausprobiert hast. Wie gesagt, es wird sehr schwer werden, den Psychologen anzulügen. Jede einzelne Technik kann für die meisten Probleme angewandt werden. Wenn du in der MPU davon erzählst, dass du deine Probleme heutzutage auf diese Weise angehst, ist es praktisch, wenn du gleich direkt über eine Beispielsituation berichtest. Zum Beispiel vor drei Monaten, als deine Freundin mit dir Schluss gemacht hat – statt mit den Kumpels erstmal hemmungslos trinken zu gehen, hast du das Gespräch mit deinem besten Freund gesucht. Nach einem emotionalen Abend ging es dir bereits viel besser und am nächsten Tag hast du schon die positiven Aspekte gesehen – statt verkatert im Selbstmitleid zu versinken.

Ich habe Strategien erlernt, um meine Probleme zu lösen.

Manchmal fragt der Psychologe, wo oder wie du diese Strategien erlernt hast. Der Klassiker sind sicherlich MPU-Vorbereitungskurse. Falls du keinen besucht hast, kannst du aber auch Freunde, das Internet, Treffen mit Psychologen oder dieses Buch als Lehrquellen nennen. Im Folgenden findest du einige mögliche Lösungsstrategien.

Drogenfreie Strategien für Konflikte und Belastungen

Lösungsstrategie Nr.1: Das Gespräch suchen

Die wahrscheinlich wichtigste Strategie überhaupt. Indem wir unsere Probleme mit anderen teilen, sind sie gleich weniger bedrückend. Außerdem vermitteln uns der soziale Kontakt und die Wärme ein Gefühl von Sicherheit, das wir in solchen Situationen benötigen.

Einsamkeit, Traurigkeit, Perspektivlosigkeit und Schmerz

Wenn ich merke, dass sich negative Gefühle breit machen, versuche ich die Gründe zu identifizieren und anschließend mit meinem Partner / Familie / Freunden darüber zu reden. Wenn ich nicht genau weiß, warum ich traurig bin, hilft es mir trotzdem, mit meiner Freundin zu reden. Meistens reicht das schon. Mir geht es dann direkt viel besser als früher, wenn ich mich dann zum Trinken verabredet hätte. Ich fühle mich erleichtert und weniger bedrückt. Über diese Entwicklung bin ich sehr froh.

Krankheit, Todesfall

Wenn es zu so einem schrecklichen Vorfall kommt, suche ich direkt das Gespräch mit meinem Partner / Familie / Freunden. Anfangs hat mich das große Überwindung gekostet, doch heute weiß ich, dass es mir nach einem Gespräch direkt viel besser geht. Am besten funktioniert das bei einem Kaffee auf dem Sofa mit meiner Freundin. Natürlich tut der Verlust immer noch weh, aber immerhin weiß ich, dass ich ihn nicht allein überstehen muss. Das gibt mir immer Kraft.

Meine Mutter sagte mal, ich wäre eine schwere Geburt gewesen.../ Ich bin das mittlere (Sandwich)-Kind und fühle mich nicht so geliebt wie meine Geschwister

Ich habe das Gespräch zu meiner Mutter gesucht. Es war ein sehr emotionales Gespräch. Meiner Mutter war gar nicht klar, wie sehr mich diese Äußerung beschäftigt hat. Wir haben beide geweint und sie hat mir versichert, dass sie mich über alles liebt. Seitdem wir darüber gesprochen haben, hat sich unser Verhältnis sogar noch verbessert. Ich habe seitdem das Gefühl, dass ich mit ihr über alles reden kann.

Lösungsstrategie Nr. 2: Ablenkung durch Hobbys

Hobbys und Dinge, die wir gerne tun, erden uns. Wir finden darin unseren Frieden und eine Tätigkeit, die uns erfüllt. Nicht zuletzt sind Hobbys Lebensglück, Beschäftigung und Bestätigung – vor allem, wenn man sie mit Gleichgesinnten ausübt.

<u>Langweile / Unterforderung</u>

Wenn ich mich mal zu sehr langweile, gehe ich raus Rad fahren / Joggen / Angeln etc. (Oder anderen neuen Hobbys nach). Ich habe außerdem wieder angefangen Spanisch / Gitarre spielen etc. zu lernen. Das bekräftigt zudem mein Selbstvertrauen. [Achtung: Wenn du sagst, dass du wieder mit Spanisch angefangen hast und der Psychologe dich nach deinen Fortschritten fragt, solltest du auch etwas Spanisch reden können. Eine so einfach enttarnte Lüge macht sich gar nicht gut im Gutachten!]

<u>Leistungsdruck, Frustration</u>

Wenn ich heute merke, dass mir der Druck zu Kopf steigt, mache ich einen langen Spaziergang oder gehe Schwimmen. Zudem mache ich mir klar, dass Scheitern auch okay ist und ich dennoch ein wertvoller, wunderbarer Mensch bin. Wenn der Druck zu stark wird, gehe ich mit meinem besten Freund eine Runde kicken oder verabrede mich zu einem Date mit meiner Freundin. Das hilft mir, den Kopf frei zu kriegen. Wenn ich anschließend meine Ziele aufschreibe und mir klarmache, dass ich mein Bestes gebe, kann ich dem Leistungsdruck plötzlich etwas Positives abgewinnen.

Lösungsstrategie Nr.3: Ausgleich durch Sport

Körperliche Anstrengung setzt Serotonin und Endorphine im Körper frei. Sie neutralisieren Stresshormone und helfen uns so auf chemischem Wege den Stress abzubauen und uns glücklich zu machen. Außerdem regt sportliche Aktivität die Blut- und Sauerstoffzufuhr im Hirn an und belebt so unseren Geist.

<u>Depression, innere Leere</u>

Wenn ich mich leer fühle, muss ich mich überwinden die Laufschuhe anzuziehen. Für diese Situationen rufe ich mir immer den Nike Werbeslogan vor das innere Auge: Just do it. Damit kann ich mir das positive, erleichternde Gefühl nach dem Laufen bewusst machen. Die Aussicht auf diese Erleichterung motiviert mich und ich kann losrennen. Nach meiner typischen Runde, die ca. 1,5 Stunden dauert, fühle ich mich komplett verändert: Erleichtert, frei, glücklich und optimistisch.

<u>Wut, Hass, unterdrückter Ärger, Geldsorgen</u>

Wenn auf der Arbeit mal wieder alles drunter und drüber geht und ich mich hilflos dem Chaos ausgeliefert sehe, weiß ich genau, was ich nach Feierabend machen werde: Auf den Dachboden steigen und eine halbe Stunde mit meinem Boxsack verbringen. Ich kann meine ganze Wut und Frust daran auslassen. Später bin ich zwar körperlich erschöpft, aber es wirkt wie ein Reset für meinen Kopf. Die negativen Emotionen und die Anspannung habe ich einfach in den Boxsack gehauen. Wenn ich aus der anschließenden Dusche komme, fühle ich mich immer erleichtert – als ob gerade eine schwere Last von meinen Schultern genommen wurde.

Lösungsstrategie Nr.4: Frieden in der Natur

Mittlerweile weiß man: In der Natur sein tut uns gut. Nicht nur, dass eine halbe Stunde in der Natur unsere Lebenserwartung signifikant erhöht und die Wahrscheinlichkeit für Erkrankungen senkt. Auch hilft uns der Aufenthalt in der Natur ruhiger und gelassener zu werden. Eben unseren Frieden zu finden. Während wir uns in der Natur aufhalten, sinken Blutdruck, Puls und Cortisolspiegel – drei sichere Indikatoren für Entspannung. Zudem wird unsere Laune aufgehellt und unsere Konzentrationsfähigkeit steigt.

<u>Zweifel, Angst & Stress, Ruhelosigkeit</u>

Ich habe mir angewöhnt, einmal die Woche mindestens eine halbe Stunde in der Natur zu sein. Ich suche mir immer neue Spots im Umland aus und habe die faszinierende Natur in meiner Heimat entdeckt. Das ist super interessant. Aber vor allem entspannt es mich. Wenn mir mal alles über den Kopf wächst, oder ich mich sehr gestresst fühle, fahre ich an meinen Lieblingsort.

Ich kann förmlich spüren, wie beim Spazieren der Stress entweicht und ich mich deutlich entspannter und besser fühle. Auf dem Rückweg im Auto habe ich meistens eine ganz andere Perspektive auf die Probleme und mir fallen oft klasse Lösungen ein.

Lösungsstrategie Nr. 5: Akzeptieren und Vergeben

Besonders bei Dingen die man nicht (mehr) ändern kann. Das Vergeben ermöglicht uns, selbst zu entscheiden, wie wir mit einer Situation umgehen. Oft geraten wir in Situationen, in denen wir die Kontrolle verlieren bzw. jemand anderes die Kontrolle über uns übernimmt. Werden wir beispielsweise mit vorgehaltenem Messer ausgeraubt, werden wir der Kontrollfähigkeit über unser eigenes Leben beraubt. Indem wir vergeben, können wir rückwirkend wieder selbst die Kontrolle über diese Situation gewinnen, was nachweislich gesund und wichtig ist.

Man wurde Opfer einer schweren Straftat, Trennung, Scheidung

Ich weiß mittlerweile, dass es nicht meine Schuld war. Dem Täter habe ich verziehen und ich habe akzeptiert und verarbeitet, was passiert ist. Sollten die negativen Gefühle je zurückkommen, habe ich mir vorgenommen, mich in Behandlung zu geben. Meine Mutter und meinen besten Freund habe ich gebeten, mich sofort anzusprechen, falls sie Veränderungen bei mir feststellen sollten.

Ich war immer der Kleinste

Nun, ich bin immer noch nicht der Größte. Aber heute bin ich selbstsicher und erkenne meine Gefühle besser. Zudem gibt es jede Menge erfolgreiche, kleine Menschen. Und es hat auch Vorteile, kleiner zu sein. Ich stoße mit nie den Kopf und kann in öffentlichen Verkehrsmitteln bequem sitzen.

Mangelndes Selbstwertgefühl, kein Selbstvertrauen

(Das sollte heute, nachdem du dein Alkoholproblem besiegt hast, nicht mehr [so oft] vorkommen.) Falls doch:

Wenn ich mich heute klein und unbedeutend fühle, mache ich mir klar, was mich als Menschen ausmacht und auf welche Erfolge ich zurückblicke. Wenn ich an den Turniersieg im Januar / das Sportabzeichen / die glückliche Beziehung zu meiner Freundin / die Beförderung denke, spüre ich Stolz und Selbstsicherheit.

(Falls davon nichts zutrifft: Kein Psychologe kann dir in der 45-minütigen MPU beweisen, dass du gar nicht befördert wurdest oder gar keine Freundin hast.)

Weitere Lösungsstrategien – Spezielle (Anti-Stress-)Techniken

Nr. 6: EFT – Emotional Freedom Technique (Klopftechnik)

Eine Technik, die ich selbst noch nie angewandt habe und der ich ehrlicherweise eher skeptisch gegenüberstehe - aber vielleicht ist es ja etwas für dich. Sie wird auf jeden Fall von einigen MPU-Vorbereitungspsychologen vermittelt. EFT ist eine Kombination aus Traditioneller chinesischer Medizin und moderner Psychologie. Hier soll durch sanftes Klopfen deiner Meridianpunkte eine Entspannung eintreten. Falls dich diese Lösungsstrategie interessiert, findest du ausreichend Beispiele und Anleitungen im Internet. Wie immer gilt: Falls du in der MPU behauptest, diese Technik zu benutzen, solltest du auch gewappnet sein, diese vorzuführen, wenn der Psychologe dich danach fragt!

Nr. 7: Progressive Muskelentspannung

Diese Technik gehört zu den bekanntesten Entspannungsübungen. Durch abwechselnde An- und Entspannung einzelner Muskelpartien wird Stress abgebaut und Verspannungen abgebaut. Sie ist leicht in den Alltag integrierbar und lässt sich eigentlich jederzeit im Sitzen oder Liegen ausführen.

Nr. 8: Meditation und Yoga

Meditation hilft Stress abzubauen und die innere Mitte (wieder) zu finden. Der Geist kommt zur Ruhe und du kannst Stress abbauen. Es gibt verschiedenste Techniken für jeden Geschmack.

Nr. 9: Autogenes Training

Autogenes Training kann besonders helfen, um deinen friedvollen Mittelpunkt zu finden. Durch Selbsthypnose und mit Hilfe von sogenannten autosuggestiven Formeln lernst du, dich selbst zu beeinflussen. Diese Technik ist relativ kompliziert und bedarf einigen Trainings.

Nr. 10: Der Perspektivwechsel

Indem du versuchst deine Probleme und was dich gerade beschäftigt aus einer anderen Perspektive zu betrachten, wirken sie direkt viel kleiner und leichter zu lösen. Der Perspektivwechsel sorgt für eine innere Distanz, die die nüchterne Betrachtung erlaubt. Du kannst also versuchen, dir vorzustellen, jemand anderes kommt mit deinen aktuellen Herausforderungen und bittet um Rat – und schon fallen dir konkrete Lösungsmechanismen ein.

Manche dieser Strategien mögen dir vorkommen, wie Küchenpsychologie und du kannst beim besten Willen nicht einsehen, wie dir das zurück zum Führerschein verhelfen soll – ich kann dich verstehen. Vielen Klienten geht das so. Aber heute solche Strategien anzuwenden, bzw. das in deiner MPU zu behaupten ist eben notwendig und dein sicherster Weg zur bestandenen MPU. Es war bereits notwendig, deine Probleme zu identifizieren und zu benennen. Früher haben sie dich zum Trinken verleitet – doch heute bist du ein anderer Mensch. Also musst du notwendigerweise auch erklären, wie dieser andere Mensch seine Probleme löst. Und das geht am einfachsten mit Hilfe der oben genannten Strategien. Im Übrigen stecken hinter allen diesen Strategien und Mechanismen tatsächlich psychologische und wissenschaftliche Erkenntnisse. Es kann sich also tatsächlich lohnen die einzelnen Strategien mal auszuprobieren. Du wirst sehen, sie helfen tatsächlich. Außerdem kannst du dann in der MPU konkrete, wahre Beispiele aus deinem Leben nennen. Das ist von Vorteil, damit der Psychologe von deinem Veränderungsprozess vollständig überzeugt ist.

Von Selbstwahrnehmung zum Selbstvertrauen

Ich hoffe, bis hierhin konntest du gut nachvollziehen, wie du an deiner Veränderung arbeiten solltest, um die MPU zu bestehen. Bislang haben wir den Veränderungsprozess recht konkret beschrieben. Also an expliziten Situationen und Momenten, die du so erlebt haben könntest. Nun möchte ich dir einmal zeigen, was aus psychologisch-theoretischer Sicht dahintersteckt. Bzw. wie du deinen innerpsychischen Veränderungsprozess gezielt so gestalten kannst, dass eine langfristig wirksame Verhaltensänderung aufrechterhalten werden kann und auch für den Begutachter plausibel ist.

Wir schauen uns also an, welcher psychologische Aspekt hinter den einzelnen Bereichen deiner MPU-Geschichte steckt. Hier führt uns der Weg ausgehend von verbesserter Selbstwahrnehmung über Selbstwirksamkeit hin zu mehr Selbstvertrauen. In meiner Arbeit werte ich oft die ausformulierten, fertigen Geschichten von Klienten aus und überprüfe, ob die beschriebenen Veränderungsprozesse für ein positives Gutachten ausreichen. Der häufigste Kritikpunkt meiner Anmerkungen ist die zu oberflächliche Analyse der eigenen innerpsychischen Prozesse. Der Klient erkennt also durchaus eine Problematik, die zu übermäßigem Alkoholkonsum führte, hat diese aber nicht tief genug analysiert und aufgearbeitet.

Im Folgenden möchte ich dir einmal anhand Maxs Geschichte aufzeigen, was ich damit meine und was Selbstwahrnehmung, Selbstwirksamkeit und Selbstvertrauen damit zu tun haben. In seiner ersten Version reflektierte Max über die Alkoholkonsum auslösenden Probleme:

Auf Partys und sozialen Veranstaltungen habe ich immer viel zu viel getrunken, bis zum Gedächtnisverlust und bis ich mich übergeben habe. Eigentlich wollte ich gerne mal jemanden kennenlernen, habe mich aber nie getraut. Stattdessen habe ich mir dann Mut angetrunken... Immer mehr, bis aus Mut schließlich Blackout wurde.

Eine zu oberflächliche Analyse, die zwei entscheidende Fragen nicht beantwortet:

1. Warum hast du dich nicht getraut?
2. Warum hast du dir Mut angetrunken?

Um darauf adäquate Antworten zu finden, hilft Max eine verbesserte Selbstwahrnehmung.

Selbstwahrnehmung

Was ist Selbstwahrnehmung?

Selbstwahrnehmung ist die Fähigkeit, dich selbst, deine Gefühle, Gedanken und Handlungen zu erkennen und zu verstehen und in Bezug auf deine eigene Identität, Persönlichkeit und Erfahrungen zu reflektieren. Je besser du dich selbst verstehst, desto effektiver kannst du mit den Herausforderungen des Lebens umgehen und eine erfüllende persönliche Entwicklung erreichen. Eine gute Selbstwahrnehmung hilft dir also, dich selbst und deine Bedürfnisse besser zu verstehen. Sie ist notwendig, um beispielsweise Antworten auf folgende Fragen zu finden:

- Wie fühle ich mich gerade?
- Wie fühle ich mich mit Situation XYZ?
- Warum fühle ich mich so?
- Warum habe ich so reagiert?
- Wie möchte ich eigentlich reagieren?

Konkrete Schritte hin zu mehr Selbstwahrnehmung:

Selbstwahrnehmung lässt sich aufteilen in emotionale, kognitive und soziale Selbstwahrnehmung. Im Folgenden findest du zu jedem dieser Teile Hilfen und kleine Übungen, um diese zu steigern. Für deine MPU lohnt es sich dich einmal ehrlich zu fragen, wie es um deine jeweilige Selbstwahrnehmung bestellt ist. In jedem Fall ist es in deiner Prüfung von Vorteil von einer heute deutlich gesteigerten Selbstwahrnehmung zu berichten und gegebenenfalls auch, wie du diese erlangt hast.

Emotionale Selbstwahrnehmung
... bezieht sich auf die eigenen Gefühle und Empfindungen und befähigt dich diese zu verstehen und dich mit ihnen auseinanderzusetzen.

Trainiere deine emotionale Intelligenz:
Achte auf deine emotionalen Reaktionen und versuche sie zu verstehen. Identifiziere Muster in deinen emotionalen Reaktionen und den Auslösern dafür.

Übe dich in Achtsamkeit:
Praktiziere Achtsamkeit, indem du dich auf den gegenwärtigen Moment konzentrierst. Beobachte deine Gefühle, ohne sie zu bewerten und spüre deine körperlichen Empfindungen.

Erkenne körperliche Empfindungen:
Erkenne Gefühle, Bedürfnisse und Zustände deines Körpers. Versuche Empfindungen wie Verspannungen, Müdigkeit, Hunger, Traurigkeit und Wut wahrzunehmen, zu begreifen und zu akzeptieren. Explizit möchte ich hier auch auf Überlastung hinweisen – ich habe oft Klienten, die sich für Job oder Familie weit über die Grenzen hinaus verausgabt haben und deren einzige Entlastung Alkohol- oder Drogenkonsum ist. Es ist eine große Stärke zu erkennen, wenn der Körper durch Erschöpfung signalisiert: Stopp! Bis hierhin und keinen Schritt weiter – ich brauche eine Pause.

Zeit für dich selbst:
Nimm dir Zeit für Aktivitäten, die dir Freude bereiten und bei denen du zur Ruhe kommen kannst. Nutze diese Zeit, um nachzudenken und dich mit dir selbst zu verbinden.

Schaffe dir ein emotionales Bewusstsein:
Versuche, deine eigenen Emotionen zu erkennen, zu benennen und zu verstehen, sowie zu wissen, wie du auf verschiedene Situationen reagierst. Frage dich, wie du dich in bestimmten Situationen gefühlt hast und warum.

Kognitive Selbstwahrnehmung
... bezieht sich auf die eigenen Gedanken und hilft z.B. irrationale oder schädigende Denkmuster und Routinen zu erkennen

Mache dir deine Gedanken bewusst:
Versuche deine eigenen Gedankenmuster, Überzeugungen und inneren Dialoge zu erkennen und zu verstehen.

Reflektiere:
Nimm dir regelmäßig Zeit, um über deine Gedanken, Gefühle und Erfahrungen nachzudenken.

Verstehe dein Selbstkonzept
Ergründe die Vorstellung, die du als Person von dir selbst hast, einschließlich der Wahrnehmung und Akzeptanz deiner Identität, deiner Fähigkeiten, deiner Stärken und deiner Schwächen.

Übe Selbstakzeptanz:
Akzeptiere dich selbst mit all deinen Stärken und Schwächen. Vermeide harsche Selbstkritik und strebe stattdessen nach Selbstmitgefühl.

Soziale Selbstwahrnehmung
. . . beschreibt die Fähigkeit sich selbst in Gruppen und Beziehungen wahrzunehmen und wie man sich verhält und auf die Bedürfnisse von anderen (re)agiert.

Reflektiere dein Verhalten:
Beobachte dein Verhalten in verschiedenen Situationen und versuche zu analysieren und zu verstehen, warum du dich auf eine bestimmte Weise verhältst oder verhalten hast.

Feedback einholen:
Bitte Freunde, Familie oder Kollegen um ehrliches Feedback zu deinem Verhalten. Sei offen für konstruktive Kritik und nutze sie zur Selbstverbesserung.

Verstehe dein Wertesystem:
Selbstwahrnehmung bedeutet auch ein Bewusstsein zu haben für deine Werte, Überzeugungen und moralischen Prinzipien, die dein Verhalten und deine Entscheidungen beeinflussen.

Zurück zu Max

Auf Partys und sozialen Veranstaltungen habe ich immer viel zu viel getrunken, bis zum Gedächtnisverlust und bis ich mich übergeben habe. Eigentlich wollte ich gerne mal jemanden kennenlernen, habe mich aber nie getraut. Stattdessen habe ich mir dann Mut angetrunken… Immer mehr, bis aus Mut schließlich Blackout wurde.

Im Rahmen der Selbstwahrnehmung müsste Max sich jetzt also fragen, warum er sich Mut antrinken musste bzw. er zu viel getrunken hat. Dieser Schritt kommt dir wahrscheinlich sehr bekannt vor – denn er ist ja schließlich essenzieller Bestandteil deiner MPU-Vorbereitung (Kapitel 2 und Finden von Konsumgründen). Max muss nun also die Gründe für seine regelmäßigen Abstürze auf Partys finden:

Ich hätte auch gerne Frauen angesprochen oder kennengelernt. Das habe ich mich leider nie getraut.

Eine anfängliche, aber immer noch (zu) oberflächliche Analyse. Denn „ich habe mich nicht getraut Frauen anzusprechen" ist lediglich ein Symptom. Im Rahmen deiner MPU-Vorbereitung und verbesserter Selbstwahrnehmung muss Max sich weiter fragen:

Warum habe ich mich nicht getraut Frauen anzusprechen?

Damals war mir das gar nicht bewusst, ich habe einfach getrunken, mehr getrunken und noch mehr getrunken. Erst im Rahmen meiner MPU-Vorbereitung musste ich mich mal intensiv mit den Gründen auseinandersetzen. So habe ich mich in Achtsamkeit geübt und versucht meine eigenen Emotionen überhaupt mal besser zu verstehen.

Heute weiß ich daher, dass mein Alkoholproblem letzten Endes damit zusammenhing, dass ich mich selbst zu dick und vermeintlich unattraktiv fand. Das hat dazu geführt, dass ich nicht genug Selbstvertrauen hatte, um jemanden anzusprechen.

Vermeintlich unattraktiv und einsam zu sein, hat mich traurig gemacht. Ganz zu schweigen, dass ich unzufrieden mit mir selbst und unglücklich war. Gerade im Party Kontext – ausgelassene Stimmung, gute Möglichkeiten zu flirten – hat mich das aus der Bahn geworfen. Die traurigen Gefühle und Unzufriedenheit mit mir selbst habe ich dann – unbewusst – mit Alkohol betäubt.

Max verfügt nun also über ausreichend Selbstwahrnehmung, um die zu Grunde liegenden Emotionen zu verstehen und zu beschreiben. Und ist bereit, sie sich selbst einzugestehen und sogar mit dem MPU-Psychologen zu teilen: Er fand sich zu dick und hatte kein Selbstvertrauen, das hat ihn unglücklich und traurig gemacht.

Im Übrigen wünsche ich jedem Leser aus seiner MPU genau das mitzunehmen: eine gesteigerte Selbstwahrnehmung. Also die Fähigkeit die eigenen Befindlichkeiten wahrzunehmen, zu akzeptieren und darauf angemessen zu reagieren. Wahrscheinlich findest du den kompletten MPU-Prozess lästig, teuer und nervenaufreibend – vollkommen nachvollziehbar. Und doch hast du die Möglichkeit auch etwas sehr Positives für dein Leben mitzunehmen, nämlich eben eine verbesserte Selbstwahrnehmung.

Selbstwirksamkeit

Was ist Selbstwirksamkeit?

Selbstwirksamkeit bezeichnet den Glauben an deine Fähigkeit, Handlungen auszuführen, um bestimmte Ziele zu erreichen oder Aufgaben erfolgreich zu bewältigen. Menschen mit hoher Selbstwirksamkeit sind eher bereit, sich Herausforderungen zu stellen, an ihren Zielen zu arbeiten und mit Rückschlägen umzugehen. Sie sehen Schwierigkeiten als Gelegenheit zur persönlichen Weiterentwicklung an und sind weniger anfällig für Gefühle der Hilflosigkeit oder Resignation.

Konkrete Schritte hin zu mehr Selbstwirksamkeit

Selbstwirksamkeit ist entscheidend für die Art und Weise, wie wir unsere Ziele verfolgen und mit Schwierigkeiten umgehen, denn sie beeinflusst unser Selbstvertrauen und unsere Motivation. Im Folgenden findest du einige Anregungen, um deine Selbstwirksamkeit zu steigern und so deinen Veränderungsprozess vielversprechend zu untermauern.

Plane in kleinen Schritten:
Zerlege größere Ziele in kleinere, handhabbare Schritte. Dein Glaube an deine eigenen Fähigkeiten wird durch das Erreichen von jedem Zwischenziel steigen.

Nutze positive Erfahrungen:
Denke an vergangene Situationen, in denen du erfolgreich warst und erinnere dich daran, wie du diese Herausforderungen gemeistert hast. Nutze diese positiven Erinnerungen, um dein Selbstvertrauen zu stärken.

Nimm Herausforderungen an:
Sieh Herausforderungen als Chance zur Weiterentwicklung anstatt als Bedrohung. Konzentriere dich auf deine Fähigkeiten und das, was du kontrollieren kannst.

Positives Selbstgespräch:
Achte auf deine inneren Dialoge und ersetze negative Selbstzweifel durch positive, unterstützende Gedanken. Sag dir selbst, dass du die Fähigkeiten hast, um erfolgreich zu sein.

Vorbereitung und Training:
Investiere Zeit in Vorbereitung und Training, um dich auf bevorstehende Aufgaben vorzubereiten. Je besser du vorbereitet bist, desto größer wird dein Vertrauen sein.

Sammle Erfahrungen:
Sammle breite Erfahrungen, um deine Fähigkeiten in verschiedenen Kontexten zu stärken. Je vielfältiger deine Erfahrungen sind, desto robuster wird dein Selbstvertrauen.

Feier Erfolge:
Feier deine Erfolge, egal wie klein sie auch sein mögen. Das Feiern von Erfolgen verstärkt die eigene Selbstwirksamkeit.

Sieh Rückschläge als Lernerfahrung:
Betrachte Rückschläge als Gelegenheit zur Verbesserung, nicht als Beweis für mangelnde Fähigkeiten. Analysiere, was schiefgelaufen ist, und entwickle eine neue Strategie für das nächste Mal.

Vorbilder und Unterstützung:
Suche nach Vorbildern oder Mentoren, die deine Selbstwirksamkeit stärken können. Umgib dich mit positiven Einflüssen, die an dich glauben.

Zurück zu Max

Max hatte also festgestellt, dass die wichtigsten Motive für seinen übermäßigen Alkoholkonsum sein mangelndes Selbstbewusstsein und sein negatives Selbstbild, begründet durch das Gefühl zu dick und unattraktiv zu sein, gewesen sind. Das hat ihn unzufrieden und unglücklich gemacht. Nun musste er sich in einem nächsten Schritt selbst überzeugen, dass er in der Lage ist, den Zustand der Unzufriedenheit zu durchbrechen.

Ich habe angefangen Sport als zusätzlichen Ausgleich zur Arbeit zu machen und regelmäßig Runden auf dem Rennrad zu drehen. Ich habe mir vorgenommen, endlich abzunehmen – was ich schon oft probiert, aber nie geschafft habe. Dieses Mal habe ich mir kleine Zwischenziele gesetzt und mir fest vorgenommen jedes erreichte Ziel ordentlich zu feiern. Außerdem habe ich mich zweimal die Woche fest zum Pumpen mit meinem sehr sportlichen Bruder verabredet und ihn gebeten, mich stets zu motivieren.

Nach den ersten Wochen, furchtbaren Muskelkatern und wirklich nur kurzen Strecken, die ich geschafft habe, habe ich erste Erfolge gesehen. Auf der Waage hatte ich zwei KG weniger – mein erstes Zwischenziel – und das hat mich immens motiviert. Zur Feier hat mich mein Bruder ins Kino eingeladen. Im Anschluss habe ich sogar öfter auf Süßigkeiten verzichtet und die abendliche Cola durch Wasser ersetzt.

Heute wiege ich 25 kg weniger und mein BMI ist im grünen Bereich. Die körperlichen Veränderungen, aber auch das Bewusstsein, dass ich das ganz allein geschafft habe, haben auch mein Selbstvertrauen immens gesteigert.

Die Entwicklung von Selbstwirksamkeit erfordert Zeit, Übung und eine bewusste Veränderung deiner Denkmuster. Je mehr du in deine eigenen Fähigkeiten vertraust, desto mehr wirst du in der Lage sein, Herausforderungen anzunehmen und deine Ziele (wie beispielsweise abstinent zu bleiben oder die MPU zu bestehen) zu erreichen.

In Hinblick auf die MPU möchte ich noch anmerken, dass Max verschiedene Wege gehabt hätte, dieses Problem zu lösen. Er kann den Zustand verändern, also abnehmen. Er hätte sich aber auch z.B. in Selbstakzeptanz und Selbstliebe üben können. Er hätte sich vor Augen führen können, dass er mehr ist als die Summe seiner Kilos und seines äußeren Erscheinungsbildes. Wichtig ist, dass du die identifizierten Trinkmotive für dich persönlich zufriedenstellend und somit nachhaltig verändern kannst.

Selbstvertrauen

Was ist Selbstvertrauen?

Selbstvertrauen ist Vertrauen in deine Fähigkeit, Aufgaben zu bewältigen, Herausforderungen anzunehmen und Vertrauen in dich, ausreichend Ressourcen und Wissen zu besitzen, um mit den Anforderungen des Lebens umzugehen. Ein gesundes Selbstvertrauen basiert auf realistischen Selbsteinschätzungen und der Bereitschaft, sowohl Stärken als auch Schwächen anzuerkennen. Es beeinflusst das Wohlbefinden und die allgemeine Lebenszufriedenheit massiv. Dabei ähneln sich Selbstwirksamkeit und Selbstvertrauen sehr – der maßgebliche Unterschied ist, dass sich Selbstvertrauen auf Erfolgen und bereits gemeisterten Herausforderungen stützt und daraus entwickelt.

Konkrete Schritte hin zu mehr Selbstvertrauen

Mangelndes Selbstvertrauen kann ein eigenständiges Trinkmotiv sein, steht aber auch in Wechselwirkung mit vielen anderen. Ein gesundes Selbstvertrauen hilft, *nein* zu sagen und wird somit beispielsweise zum unterstützenden Indikator für eine abstinente Lebensweise. Um dein Selbstvertrauen zu trainieren oder dein Training hin zu mehr Selbstvertrauen in der MPU zu beschreiben, könnten dir folgende Ideen helfen.

Selbstannahme:
Akzeptieren dich selbst mit all deinen Stärken und Schwächen. Erkenne, dass niemand perfekt ist, und dass das völlig in Ordnung ist.

Positive Selbstwahrnehmung:
Konzentriere dich auf deine Erfolge und positiven Eigenschaften. Vermeide, dich ausschließlich auf Fehler oder Schwächen zu fokussieren.

Selbstpflege:
Kümmere dich um deine körperliche und mentale Gesundheit. Genug Schlaf, gesunde Ernährung und Bewegung können dein Wohlbefinden steigern.

Selbstbewusst auftreten:
Verändere deine Körpersprache, um mehr Selbstvertrauen auszustrahlen. Steh aufrecht, halte Blickkontakt und sprich deutlich.

Stell dich neuen Herausforderungen:
Verlass deine Komfortzone und setz dich neuen Aufgaben aus. Jeder Erfolg, den du dabei erlebst, stärkt dein Selbstvertrauen. Versuch mal was Neues und verzichte nicht auf eine Herausforderung, nur weil du glaubst, sie nicht meistern zu können.

Positive Affirmationen:
Wiederhole positive Aussagen über dich selbst, um dein Selbstvertrauen zu steigern. Sage dir zum Beispiel: *Ich habe die Fähigkeiten, um damit umzugehen.*

Vergangenheitserfolge erinnern:
Denke an vergangene Erfolge und wie du diese erreicht hast. Nutze diese Erinnerungen, um dein Selbstvertrauen zu stärken.

Selbstvertrauen durch Lernen:
Investiere in deine persönliche und berufliche Weiterentwicklung. Je mehr du lernst und dich verbesserst, desto mehr Vertrauen wirst du in deine Fähigkeiten haben.

Unterstützung suchen:
Teile deine Ziele mit Freunden, Familie oder Mentoren. Ermutigende Worte und Unterstützung von anderen können dein Selbstvertrauen stärken.

Geduld haben:
Der Aufbau von Selbstvertrauen braucht Zeit. Sei geduldig mit dir selbst und feiere jeden Schritt auf deinem Weg. Selbstvertrauen ist ein Prozess, der kontinuierliche Arbeit erfordert. Je mehr du an dich und deine Fähigkeiten glaubst, desto besser wirst du in der Lage sein, neue Herausforderungen anzugehen und ein erfülltes Leben zu führen.

Zurück zu Max

So wie Max. Der in einem ersten Schritt an seiner Selbstwahrnehmung gearbeitet hat (Was war der Grund für den Alkoholmissbrauch? - Mein mangelndes Selbstbewusstsein und, dass ich mich dick und unzufrieden gefühlt habe). Der im Anschluss an seiner Selbstwirksamkeit gearbeitet hat (Ich kann es schaffen abzunehmen & abstinent zu bleiben). Und davon nun direkt dank gesteigertem Selbstvertrauen profitiert. Ein hohes Selbstvertrauen ist gesund, ermöglicht es dir, (selbst-)bewusste Entscheidungen zu treffen und beispielsweise selbstbewusst aufzutreten oder auf Alkohol zu verzichten:

Ich trinke nun seit über einem Jahr keinen Alkohol mehr. Auf Partys lehne ich dankend, aber höflich ab – dazu wäre ich früher nicht in der Lage gewesen. Ich hätte stets gedacht, dass ich mittrinken muss. Aus Höflichkeit. Oder aus Druck. Oder, weil man eine Einladung einfach nicht ausschlagen darf. Heute habe ich genug Selbstvertrauen, um einfach abzulehnen und Nein zu sagen. Apropos Selbstvertrauen…. Ich habe mittlerweile sogar den Mut gefunden, Frauen (nüchtern!) anzusprechen. So habe ich dann letzten Endes auch meine Freundin kennengelernt – wir sind seit einem halben Jahr ein glückliches Paar.

Wie hilft diese kleine Geschichte nun in deiner MPU-Vorbereitung? Selbstwahrnehmung, Selbstwirksamkeit und Selbstvertrauen ziehen sich wie ein roter Faden durch das gesamte Buch und die gesamte MPU (Vorbereitung). Die meisten Lösungsstrategien haben einen direkten Bezug zu wenigstens einer dieser Variablen. Sie erklären also gewissermaßen, warum du den einen oder anderen Schritt erledigen kannst, sollst oder musst. Es ist die Verbindung der konkreten Maßnahmen und Schritte hin zu diesen theoretischen psychologischen Variablen, die deinen Prozess auf innerpsychologischer Ebene vervollständigen. Umso besser du deine Geschichte anhand der drei Variablen orientieren und deine Veränderung auf diesen Ebenen präsentieren und erklären kannst, desto wahrscheinlicher wird (d)ein positives Gutachten.

Mit (neuem) Selbstbewusstsein zur MPU

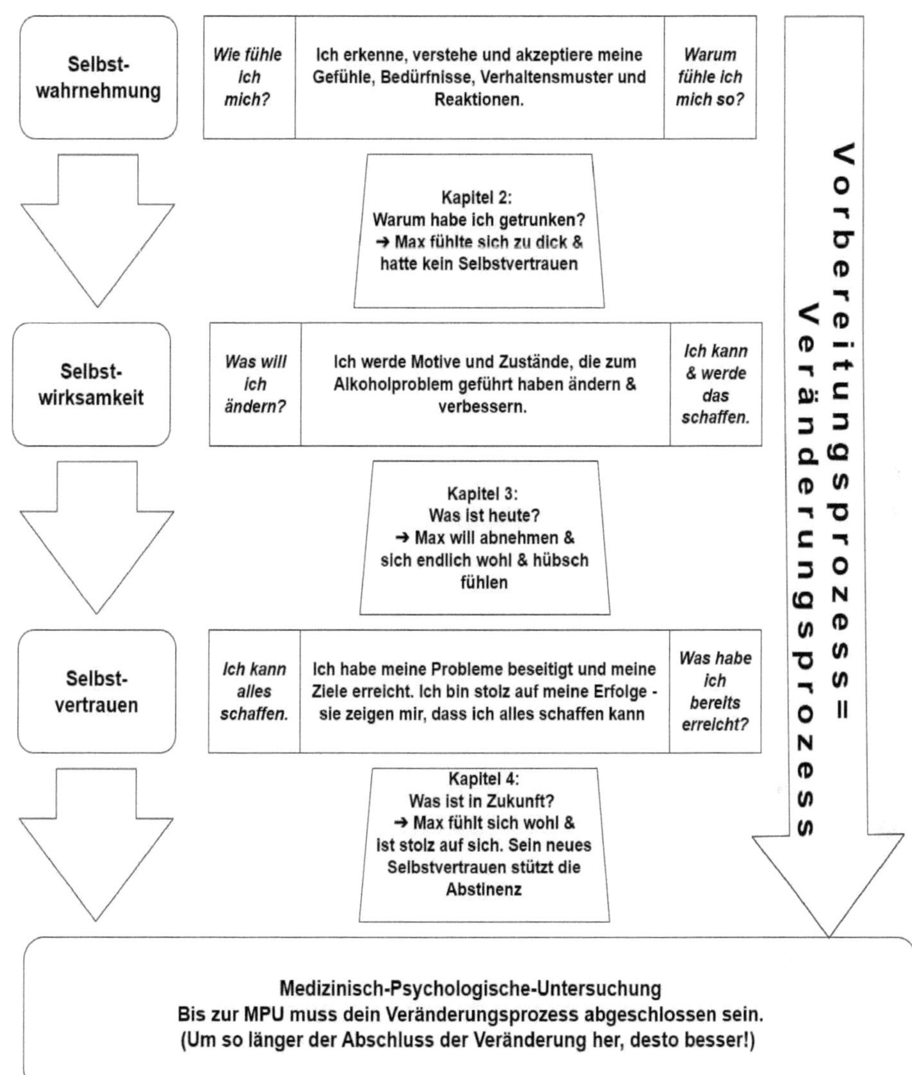

Kapitel 4: Was ist in Zukunft?

In diesem Teil besprichst du mit dem Psychologen, wie du dir die Zukunft vorstellst. Also wie du gewährleisten möchtest, deine in den letzten Kapiteln aufbereitete Verhaltensänderung bzw. deine positiven neuen Verhaltensmuster nicht wieder zu verlieren. Deine persönliche MPU-Geschichte wird mit diesem letzten Kapitel abgeschlossen und abgerundet. Du machst den Sack so zu sagen zu und bekommst dein positives medizinisch psychologisches Gutachten. Das erreichst du, indem du zwei Aspekte klarmachst: Erstens, dass du nie wieder alkoholisiert ein Fahrzeug führen und zweitens nie wieder in ein problematisches Konsummuster verfallen wirst. Damit du den Psychologen davon überzeugen kannst, nähern wir uns ihnen in deiner Geschichte über die folgenden zentralen Fragestellungen:

- Was bedeutet die Änderung für mich?
- Was könnte die Änderung in Zukunft gefährden?

<u>Was bedeutet die Änderung für mich?</u>

Für eine positive Prognose wird verlangt, dass deine Veränderung auch stabil ist – also für immer anhält. Damit dein persönlicher Prozess auch als **stabile Verhaltensänderung** akzeptiert wird, musst du ihn **positiv empfinden**. Also z.B. erklären, dass es dir, seitdem du dein Verhalten geändert hast, besser geht. Du nun also glücklicher bist und zufriedener. Sportlicher, fitter, gesünder und erfolgreicher. Indem du dem Psychologen klarmachst, dass du die Änderungen positiv erlebst, sieht er keinen Grund, warum du die Entwicklung gefährden solltest. Soweit die Logik dahinter. Sie ist aus diversen psychologischen Theorien entliehen, auf die ich hier nicht weiter eingehen möchte – sie sprengen schlicht den Rahmen. Wichtig für dich und deine persönliche MPU-Geschichte ist, dass du dem Psychologen erklärst, wie sich dein Leben seit der durch den Führerscheinentzug motivierten Verhaltensänderung maßgeblich zum Guten gewandt hat. Im Folgenden findest du einige Beispiele – vielleicht lebst du ja bereits seit einigen Monaten abstinent und kannst manche Punkte tatsächlich bestätigen. Ansonsten solltest du 1-2 Punkte in deine persönliche Geschichte aufnehmen – du wirst sie brauchen, um die MPU zu bestehen.

*Vergiss auf keinen Fall sie in deinen Notizen mit aufzuschreiben, das positive Erleben ist ein **sehr wichtiger** Punkt im MPU-Fahrplan!*

Mögliche positive Veränderungen

Gesteigerte Leistungsfähigkeit, Konzentration, Gedächtnis, Intelligenz, Kreativität, besserer Schlaf

Alkohol ist ein Nervengift – das unsere Organe schädigt und am stärksten im Gehirn wirkt. Das Gehirn wird durch fortwährenden Alkoholkonsum geschädigt und unsere kognitiven Fähigkeiten leiden. Wenn wir unser Hirn seltener oder gar nicht mehr mit Alkohol vergiften, kann es sich erholen. In der Konsequenz erleben wir gesteigerte Leistungsfähigkeit, bessere Konzentrationsfähigkeit und eine erhöhte Gedächtnisleistung. Außerdem sind wir messbar intelligenter, kreativer und schlafen besser.

Bevor ich meinen Führerschein verloren habe, habe ich es selten geschafft ein Buch zu Ende zu lesen. Ich habe eigentlich immer gerne gelesen, aber ich konnte mich nach Feierabend einfach nicht mehr auf das Lesen konzentrieren. Seitdem ich mich auf die MPU vorbereite und aufgehört habe zu trinken, habe ich abends wieder Bock auf Lesen – ich habe schon drei Bücher geschafft. Das finde ich wahnsinnig schön, vor allem, weil ich jetzt auch ein weiteres Gesprächsthema mit meiner Frau habe. Wir lesen nämlich beide gerne Stieg Larsson Krimis.

Seitdem ich nicht mehr trinke, bin ich körperlich fitter geworden. Das merke ich besonders auf dem Fußballplatz oder beim wöchentlichen Joggen gehen mit Rainer aus der Personalabteilung. Vor meiner Abstinenz konnte ich bei seinem Tempo kaum mithalten. Mittlerweile muss er sich richtig anstrengen, um mit mir mitzuhalten.

Vor dem Führerscheinentzug hatte ich mir meine Pins für Kredit- und EC-Karte immer im Handy eingespeichert. Ich konnte sie mir einfach schlecht merken und manchmal stand ich beim Einkaufen und musste erst nachsehen, wie der Pin lautet. Total peinlich. Neulich habe ich in einer Reportage gehört, dass Alkohol die Gedächtnisleistung herabsetzt. Urplötzlich fiel es mir wie Schuppen vor die Augen, dass ich schon ewig meine Pins nicht mehr nachsehen musste. Das war ein echt cooles Gefühl, das mich in meinem Abstinenzentschluss nochmal bestätigt hat.

Ich bin emotional stabiler geworden

Häufiger Alkoholkonsum, besonders gepaart mit dem Verdrängen von Emotionen, kann unseren Gefühls- und Hormonhaushalt komplett durcheinanderbringen. Die Konsequenz sind Launenhaftigkeit, Aggressionen, Unbeherrschtheit und Gefühlsausbrüche

Als ich noch getrunken habe, habe ich mich oft über Kleinigkeiten aufgeregt. Heute stören mich gewisse Lappalien überhaupt nicht mehr. Früher konnte ich schon wütend werden, wenn der Hund meine Pantoffeln verschleppt hat. Heute finde ich das eher süß und kann darüber lachen.

Ich habe festgestellt, dass ich überhaupt nicht mehr schreie. Vor dem Führerscheinentzug habe ich bestimmt 1-mal die Woche wegen irgendwas rumgebrüllt. Heute werde ich gar nicht mehr laut – ich bin einfach viel entspannter geworden.

Intrinsischer Motivationsschub: Wert- und Zielsetzung, Überzeugungen, Erwartungen

Alkohol- oder Drogenprobleme gehen oft mit verminderter Selbstwirksamkeitserwartung oder vermindertem Selbstbewusstsein einher. Betroffene verlieren den Kontakt zu sich selbst und das Vertrauen in die eigenen Fähigkeiten. Das wird oft durch erfolglose Versuche, den Konsum zu beenden, bestärkt. Eine erfolgreiche Abstinenz hilft gleich doppelt wieder mehr an sich zu glauben: Zum einen hat man einen nachweisbaren Erfolg, auf den man stolz sein kannt. Zum anderen wird der Kontakt zur inneren Stimme nicht mehr durch die Droge getrübt.

Mittlerweile bin ich überzeugt davon, dass ich meine Ziele erreichen kann. Wenn ich mir etwas vornehme, kann ich es erreichen – wenn ich denn nur hart genug dafür arbeite. Ein super Beispiel ist mein Gewicht: Ich wollte schon seit Jahren wieder unter 90 kg Körpergewicht. Meine Frau hat sich das erst recht gewünscht. Was soll ich sagen – seit diesem Februar wiege ich unter 90 kg. Ich wollte schon seit meiner Jugend Englisch lernen. Ich dachte aber immer, dass ich dafür zu blöd und zu alt bin und habe es für viel zu schwierig gehalten mit über 50 noch eine neue Sprache zu lernen. Mittlerweile kann ich englische Filme ohne Untertitel schauen und verstehe alles. Das gibt mir das Gefühl, dass kein Ziel mehr unerreichbar scheint.

Verbesserte Sozialkompetenzen: konstruktive Konfliktlösung, Normakzeptanz, Selbstdisziplin und Zuverlässigkeit

Auch unser Sozialverhalten leidet unter Alkoholmissbrauch. Nicht nur, dass wir uns seltsam benehmen, wenn wir betrunken sind. Auch nüchtern vermindert häufiger Alkoholkonsum unsere Kontrollfähigkeit und unsere Hemmungen. Das führt zu erhöhter Risikobereitschaft, aggressivem Verhalten und einer verminderten Kritikfähigkeit sowie einem gewissen Hang, (soziale) Regeln nicht zu akzeptieren.

Ich löse Konflikte mittlerweile zielorientiert – so dass beide Seiten davon etwas haben. Ich werde sogar in der Familie manchmal hinzugeholt, um zu vermitteln.

Ich kann mich mittlerweile deutlich besser an andere Regeln halten. Früher habe ich manche Dinge einfach nicht akzeptiert und dachte, ach komm, das zählt für irgendwen, aber doch nicht für mich. Es ist komisch, aber ich drängele zum Beispiel beim Anstehen nicht mehr vor oder verlasse jeden Abend meinen Arbeitsplatz aufgeräumt. Es macht mir Spaß, so auf andere Rücksicht zu nehmen, oder auch mal jemanden im Supermarkt vorzulassen.

Ein krasser Unterschied zu früher ist, wie zuverlässig ich geworden bin. Früher habe ich manchmal versprochene Gefallen oder Geburtstage vergessen. Ausgeschlossen, dass mir so etwas heute passiert.

Meine Alkoholabstinenz wirkt sich auch auf andere Lebensbereiche aus. Ist es mir früher schwer gefallen, Schokolade und Chips zu widerstehen, stellt das heute überhaupt kein Problem mehr dar. Ich habe gelernt, „Nein" zu sagen, bin aber auch selbstdisziplinierter geworden. Das zeigt sich zum Beispiel daran, dass ich jeden Freitagmorgen joggen gehe – egal ob es regnet oder schneit, ich gehe meine große Runde joggen.

Meine äußeren Lebensbedingungen haben sich verbessert

Zu den äußeren Lebensbedingungen zählen deine finanzielle, berufliche und Wohnsituation. Es ist wahrscheinlich, dass sich diese Bedingungen tatsächlich geändert haben, wenn du alle notwendigen Schritte für deine MPU-Geschichte tatsächlich eingeleitet hast. Sprich, dich deinem problematischen Konsumverhalten gestellt hast und die Herausforderungen des Lebens heute alkoholfrei mit neuen Lösungsstrategien bewältigst.

In jedem Fall solltest du in dem Gespräch mit dem Psychologen betonen, welche positiven Entwicklungen dein Leben in diesen Bereichen gemacht hat. Das kann zum Beispiel eine neue, schönere, größere oder besser gelegene Wohnung sein. Denn um eine neue Wohnung muss man sich aktiv kümmern – was ein gewisses Durchhaltevermögen voraussetzt. Zu den äußeren Bedingungen zählt auch ein neuer Job oder eine Beförderung. Denn in der Theorie bist du nun zielstrebiger, konzentrierter und motivierter – was sich auch im Berufsleben bezahlt macht. Berichtest du in deiner MPU von solchen positiven Veränderungen, muss der Psychologe das zwangsläufig als Beweis für eine nachhaltige Veränderung sehen.

Seitdem ich nicht mehr trinke und meine Probleme anders löse, fühle ich mich einfach besser, motivierter, wacher. Das hat sich auch im Job bezahlt gemacht – denn ich habe mich endlich getraut, mich auf die Beförderung zu bewerben. Was soll ich sagen – es hat geklappt. Seit einem halben Jahr habe ich im Beruf mehr Verantwortung und verdiene fast 500 € mehr im Monat – Netto!

<u>Kritische Selbstreflexion</u>

Ich bin ehrlicher zu mir selbst geworden. Früher habe ich die Schuld gerne bei anderen gesucht und mich selbst als Opfer gesehen. Das war z.B. bei der Aufforderung zur MPU so. „ICH muss zur MPU? Obwohl ich nicht mal einen Unfall gebaut habe!?“ Heute weiß ich, dass ich absolut zur MPU musste. Ich kann mir meine Fehler aber mittlerweile auch in anderen Bereichen eingestehen und stehe dafür gerade. Meist findet sich auch immer schnell eine Lösung, zum Beispiel als ich auf der Arbeit eine Rechnung falsch verbucht habe – sobald es mir aufgefallen ist, bin ich zum Chef gegangen. Ich hatte zwar ein bisschen Schiss, aber das war das einzig Richtige. Die Sache war in 5 Minuten gegessen.

Wichtig ist wie immer, dass du auch ein konkretes Beispiel hast, um auf Nachfrage antworten zu können! Behauptest du also, befördert worden zu sein, solltest du auch beschreiben können, wo der Unterschied zum alten Job liegt. Und falls du dir eine neue Freundin ausdenkst, solltest du ihren Namen kennen und beispielsweise erzählen können, wie ihr euch kennengelernt habt.

Was könnte die Änderung in Zukunft gefährden?

So weit, so gut – deine Geschichte für die MPU ist fast vollständig. Was jetzt noch fehlt, ist das **einkalkulierte Risiko**. Das bedeutet, dass du dir für ein positives Gutachten Gedanken gemacht haben solltest, was deine positive und stabile Verhaltensänderung in Zukunft gefährden könnte. Dieses Kapitel beschreibt also deine Rückfallvermeidungsstrategien. Um einen Rückfall zu vermeiden, hilft es, kritische Situationen und Momente zu identifizieren, die zu einem Rückfall führen könnten. Anschließend entwickelst du für die einzelnen Situationen einen Plan, wie du diese Herausforderungen ohne Alkoholkonsum löst. In der MPU ist es durchaus normal, dass der Psychologe das Gespräch in diese Richtung lenkt. Etwaige Vorlagen kannst du als Einstieg nutzen und mit deiner Ausführung starten.

Obwohl es mir seit meinem Abstinenzentschluss in so vielerlei Hinsicht (siehe oben) besser geht, bin ich mir im Klaren, dass es Situationen geben könnte, in denen es vielleicht schwierig wird, abstinent zu bleiben.

Im Folgenden möchte ich dir einige solcher kritischen Situationen aufzeigen. Eventuell fallen dir noch bessere ein, ansonsten kannst und solltest du aber auch 1-2 meiner Situationen, die am ehesten auf dich zutreffen, in deiner persönlichen Geschichte ergänzen.

Mögliche Rückfallsituationen:

- Konfliktsituationen und Streitigkeiten mit dem Partner, Kollegen oder Freunden
- Negative Gefühle (Einsamkeit, Traurigkeit, Stress etc.)
- Ein gesellschaftliches Konsumangebot oder die Aufforderung zum Trinken
- Das starke Verlangen zu trinken
- Körperliche Beschwerden (z.B. Schmerzen, Schlaflosigkeit etc.)
- Durch euphorische Ausgelassenheit bedingte Unachtsamkeit
- Unausgewogener Lebensstil
- Verlust von Tagesstruktur (z.B. Kündigung)
- Langweile oder Überforderung auf der Arbeit

- Zu wenig schöne Aktivitäten
- Scheinbar (!) harmlose Entscheidungen
    - Alte Trinkkumpanen besuchen
    - Alte Plätze aufsuchen (wo oft viel getrunken wurde)
    - *Für den Fall der Fälle lege ich mir mal einen kleinen Vorrat an.*
- Unangenehme Dinge vor sich herschieben
- Schwindende Zuversicht, das Leben ohne Alkohol zu meistern
- Schwindendes Selbstbewusstsein
- Aufkeimende Hoffnung, durch Alkohol entspannen zu können
- Kritische Tage, Momente und Situationen
    - Weihnachten / Silvester
    - Geburtstage
    - Feierlichkeiten
    - Hochzeiten

Schon notiert? Dadurch, dass du dir vorher kritische Situationen überlegst, bist du, wenn sie passieren, vorbereitet und weißt, wie du dich verhalten kannst, um abstinent zu bleiben. Daher musst du unbedingt 1-2 Situationen in deine persönliche Geschichte aufnehmen. Am besten gleich notieren!

Was sind meine Notfallstrategien?

Nachdem du also mögliche kritische Situationen identifiziert hast, musst du die passenden Lösungsstrategien dafür finden. Grundsätzlich möchte der MPU-Psychologe immer Strategien von dir hören. Das führt uns zum letzten Punkt in deiner persönlichen MPU-Geschichte: Deinen Notfallstrategien.

Aufmerksamkeit und Achtsamkeit

Du solltest mittlerweile (also nach deiner MPU-Vorbereitung) ein besseres Gespür für deine Gefühle und dein Inneres haben. Diese Aufmerksamkeit für deine eigenen Gefühle musst du üben und dich dazu fortwährend motivieren. Nur indem du achtsam mit deinen Empfindungen umgehst, kannst du kritische Situationen frühzeitig erkennen und darauf reagieren.

Das Gespräch suchen

Mal wieder – der Klassiker. Aber wenn dich negative Empfindsamkeiten zu überrennen drohen, ist es eine sinnvolle Notfallstrategie, genau zu wissen, wen du in dieser Situation anrufen kannst. Viele, die psychologische Vorbereitungskurse besucht haben, bekommen von ihren Psychologen eine Visitenkarte – damit sie jederzeit anrufen können. Dasselbe Angebot fahren aber beispielsweise auch Sozialarbeiter und -Pädagogen. Es reicht aber auch vollkommen, das Gespräch mit dem Partner, oder einem Freund zu suchen.

Nein sagen

Auch das ist eine bereits bekannte Strategie – als Problemlösestrategie aus dem vorherigen Kapitel. Nichtsdestotrotz ist es eine valide Notfallstrategie, wenn du z.B. die Familienfeier oder den Gewinn der Champions League als kritische Situation identifizierst. Indem du dir bildlich ausmalst, wie du ein angebotenes Getränk oder die Aufforderung, doch gefälligst auf den Verein anzustoßen, ausmalst, bist du schon gut auf diese Situation vorbereitet. Es hilft, wenn du schon genau weißt, welche Formulierung du benutzen willst. Ein einfaches, knappes *„Nein, danke!“, „Nein!“, „Nein, ich trinke aus Überzeugung nicht“, „Nein, ich trinke aus gesundheitlichen Gründen nicht mehr“* zum Beispiel.

Aufsuchen von professioneller Hilfe

Sofern du in deine MPU ohne professionelle Vorbereitung mit einem Verkehrspsychologen bzw. Suchttherapeuten gehst, ist das eine super Möglichkeit. Du kannst dich selbst so positionieren, dass du aktuell absolut in der Lage bist ein Fahrzeug zuführen – es also keine Zweifel an deiner Fahreignung gibt. Dennoch bist du dir im Klaren, dass es möglich ist, dass sich trotz aller Vorkehrungen, Vorsätze und eintrainierter neuer Verhaltensweisen wieder ein problematisches Konsumverhalten einschleicht. In dem Fall suchst du direkt einen Psychologen auf und holst dir somit professionelle Hilfe. Diese Notfallstrategie einzubauen empfiehlt sich eigentlich immer. Denn indem du angibst, dass du im Zweifel professionelle Hilfe bei deiner Alkoholproblematik aufsuchen möchtest, stellst du klar, dass du das Problem weiterhin ernst nimmst, achtsam bleibst, es nicht auf die leichte Schulter nimmst und dir bewusst bist, dass du nicht perfekt bist, sondern lediglich auf einem (sehr) guten Weg.

Wie du zukünftige Trunkenheitsfahrten vermeidest

Bis hierhin sind alle Schritte für jede MPU identisch. Jeder muss anhand der vier Fragen seinen eigenen Veränderungsprozess durchgemacht haben. Aber für die Zukunft gibt es Unterschiede. Je nach Schwere deiner Hypothese ist Verschiedenes möglich. Am leichtesten ist die MPU, wenn du kategorisch Hypothese H2 annimmst, alle Schritte, inklusive 1-jährigem Abstinenznachweis, ausführst und deine Geschichte dementsprechend aufbereitest.

Bist du Hypothese A1 (Alkoholsucht) oder A2 (Alkoholmissbrauch) zu zuordnen, darfst du **nie wieder** Alkohol trinken, sofern du die MPU bestehen und deinen Führerschein zurückerhalten willst. Nie wieder Alkohol konsumieren heißt nie wieder. Punkt. Es gibt keine Ausnahmen – sogar alkoholfreie Getränke und Pralinen, sowie alkoholhaltige Speisen sind für dich absolut tabu. Du hast deine Lektion gelernt, die Gefahr erkannt und möchtest nie wieder Alkohol konsumieren. Zumindest musst du das so in der MPU sagen, um zu bestehen. Das kannst du mit deiner Einsicht begründen:

Ich habe eine Zeitlang zu viel getrunken, um meine Probleme in der Ehe zu vergessen. Dieses problematische Konsummuster gipfelte sogar darin, dass ich betrunken ein Auto geführt habe. Gott sei Dank habe ich mich oder andere nicht verletzt, oder gar getötet – in jedem Fall aber in Gefahr gebracht. Meine Eheprobleme hat dieses Verhalten nicht verbessert, eher verschlechtert. Dank der Anordnung zur MPU musste ich mich mit meinem Verhalten auseinandersetzen und habe das Problem mit dem Alkohol realisiert. Dank einer Paartherapie führen wir wieder eine glückliche Ehe. Auf keinen Fall möchte ich wieder Alkohol konsumieren, weder ab und zu ein Bier noch mal einen Sekt zum Anstoßen, oder Pralinen. Denn Alkohol hat mich auf eine gefährliche, schiefe Bahn gebracht und dazu verleitet, mich vor meinen wahren Problemen zu verstecken. In Zukunft möchte ich meine Probleme angehen und lösen, und nicht vor ihnen fliehen.

Alkohol war ein schlechter Berater, auf den ich in Zukunft verzichten möchte. Einfach um mein glückliches Leben, das ich aktuell führe, nicht unnötig zu gefährden.

Es gibt allerdings auch die Möglichkeit, die MPU ohne Abstinenznachweis und mit kontrolliertem Trinken zu bestehen. Diese Möglichkeit besteht für alle Alkohol-MPUs der Hypothese (A2) A3. Kontrolliertes Trinken ist die schwerste MPU, kann sich allerdings lohnen. Denn man muss keinen teuren, langwierigen Abstinenznachweis machen und kann seinen Führerschein behalten.

Falls du also in Hypothese A3: Alkoholgefährdung einzuordnen bist, kannst du zukünftigen geplanten kontrollierten Alkoholkonsum zugeben – auch wenn ich eher davon abrate. Es ist schlicht am einfachsten die MPU wegen Alkohol zu bestehen, wenn man angibt, nie wieder trinken zu wollen. Kontrolliert heißt hier keinesfalls, dass du nur so viel trinkst, dass du die Kontrolle behältst. Sondern ein dezidiert geplantes Trinkverhalten, zu besonderen Anlässen mit exakt vorbestimmter maximaler Trinkmenge.

Kontrolliertes Trinken

Bis zur Grenze zwischen Hypothese A3 und A2 hast du die Möglichkeit in der MPU auch mit kontrolliertem Trinken zu bestehen. Kontrolliertes Trinken ist ein Konzept, das ursprünglich aus der Suchttherapie kommt und auf Prof. Dr. Körkel zurückgeht. Es entstand, weil suchtkranke Alkoholiker in ihrer Abstinenz oft rückfällig werden. Erlaubt man den Betroffenen den Konsum von geringen, nicht bewusstseinsverändernden Mengen, werden oft bessere Ergebnisse, bis hin zu vollkommener Abstinenz erzielt. Dieses Konzept wird mittlerweile auch in der MPU zugelassen – das heißt, du musst in der MPU nicht zwangsläufig einen Abstinenznachweis erbringen, sondern kannst auch mit kontrolliertem Trinken eine positive MPU bekommen.

Das geht allerdings nur unter spezifischen Voraussetzungen und mit einer **intensiven Vorbereitung**! Kontrolliertes Trinken setzt voraus, dass du dich mit deinem Trinkverhalten auseinandergesetzt hast – daher ist eine MPU nur zu bestehen, wenn du ein **umfangreiches Wissen** zu Alkohol, seiner Wirkung im Körper und dem Abbauverhalten angeeignet hast. Du findest das nötige Wissen auch in diesem Kapitel.

Entscheidend für kontrolliertes Trinken

Sind die Fragen „Wie oft...“, „Wie viel...“ und „zu welchen Anlässen...“ ...trinke ich Alkohol? Außerdem ist unabdingbar, dass dein Alkoholkonsum **geplant** und in großen Abständen nacheinander passiert. Es gibt keine exakte Vorschrift, wie viel Alkohol du noch trinken darfst, um deine MPU mit kontrolliertem Trinken zu bestehen. Am wichtigsten ist: Der Alkoholgenuss darf deine **Zurechnung nicht herabsetzen**. Sprich, es darf **keine bewusstseinsverändernde Wirkung** spürbar sein! In Promille heißt das: 0,5 darf nicht, 0,3 sollte nicht überschritten werden. Kontrolliertes Trinken bedeutet ein gesundes Verhältnis zum Genussmittel. Für den Psychologen in der MPU heißt das konkret: sehr **seltener** Konsum, **immer** geplant und **niemals** spontan.

Versuchst du deine MPU mit kontrolliertem Trinken zu bestehen steht zuerst die Frage: *„Ist kontrolliertes Trinken für dich der richtige Weg, oder ist doch Abstinenz zu fordern*?“ im Raume. Daher gilt es erst einmal grundsätzlich zu klären, was Voraussetzungen sind, um die MPU mit kontrolliertem Trinken machen zu können:

Voraussetzungen für die MPU mit kontrolliertem Trinken

Mittlerweile gibt es auch die Möglichkeit, trotz Hypothese A2 mit kontrolliertem Trinken die MPU zu bestehen. Das setzt aber notwendigerweise eine spezielle therapeutische Behandlung voraus – ohne eine explizite psychologische Therapie (keine MPU Vorbereitung!) zum kontrollierten Trinken ist dieser Weg nicht möglich. Im Folgenden beschreibe ich den *„Normalfall“*, also kontrolliertes Trinken für die MPU als Lösungsstrategie für Konsumenten mit einem gefährlichen Alkoholkonsum und der entsprechenden Hypothese A3.

- **Max. eine Fahrt unter 2 Promille**: Hast du aktenkundig den Blutalkoholgehalt von 2 Promille überschritten, ist es nahezu unmöglich, ein positives Gutachten mit kontrolliertem Trinken zu bekommen – denn du wirst Hypothese A1 oder A2 zugeordnet, was einen Abstinenznachweis fast unbedingt voraussetzt.
- **Trink-Fahr-Konflikt**: Wenn du Alkohol konsumierst, hast du grundsätzlich kein Fahrzeug dabei.

- **Du musst ausreichend lange abstinent leben** oder kontrolliert getrunken haben: Du musst dein kontrolliertes Trinkverhalten bereits mindestens 6 Monate eintrainiert haben. Besser sind bereits 12 Monate integriertes kontrolliertes Trinken.
- **Keine Toleranz:** Durch deine reduzierte Trinkmenge hat sich deine Alkoholverträglichkeit deutlich reduziert. D.h. du spürst die Alkoholwirkung bereits nach dem ersten Bier, oder bei 0,3 Promille.
- **Problembewusstsein:** Du musst klarstellen, dass du in Alkohol ein Gefahrenpotential für dich siehst. Daraus entstand deine Motivation hin zum kontrollierten Trinken.
- **Positive Entwicklung:** Seitdem du kontrolliert trinkst, ist alles in deinem Leben besser, außerdem reagieren Freunde und Familie wohlwollend ob dieser Verhaltensänderung.
- **Stabilität des neuen Trinkmusters:** Du hast deine Vorsätze auch zu besonderen Anlässen eingehalten.
- **Verhaltensplanung**: Durch den geplanten Alkoholkonsum planst du auch vorher schon An- und Abfahrt. Sollte etwas die sichere Mitfahrgelegenheit gefährden, reagierst du mit Alkoholverzicht.
- **Du bist selbstsicher geworden:** D.h. du kannst jetzt Nein sagen und hast positiven Umgang mit deinen Trinkanlässen gelernt. Es kommt gut, wenn du in der MPU ein Beispiel nennst:

  Vor drei Monaten habe ich zufällig einen alten Freund getroffen. Wir haben uns unterhalten und sind gemeinsam noch in ein Café gegangen. Der Freund wollte mich auf ein Bier einladen und ich habe automatisch abgelehnt, denn es war ja kein geplanter Konsumtag. Diese Begebenheit ist mir erst später am Abend aufgefallen, dass ich, ohne nachzudenken, abgelehnt habe. Über diese Entwicklung bin ich wirklich stolz und sehr glücklich.

- **Max. Zwei Fahrten unter 1.1 Promille:** Gleiches gilt für häufigere Auffälligkeiten. Gibt es aktenkundig mehr als zwei Fälle, kannst du das mit dem kontrollierten Trinken vergessen. Ebenso, wenn eine Fahrt über 1.1 und eine unter 1.1 aktenkundig ist.

- **Tatzeit: abends**: Der Tatzeitpunkt deiner Trunkenheitsfahrt ist wichtig. Wurdest du morgens oder vormittags erwischt, hattest du entweder noch vom Vortag Restalkohol oder bereits morgens mit dem Trinken angefangen. Beides verbietet sich für eine MPU mit kontrolliertem Trinken. Am besten sind also Zeitpunkte am Abend oder in der Nacht, da das der gesellschaftlich „normale" und akzeptierte Konsumzeitpunkt ist.
- **Tattag: D**asselbe gilt für den Tattag. Freitags oder samstags, also am Wochenende oder an Feiertagen gilt es als einigermaßen problemlos, Alkohol zu konsumieren. Unter der Woche hast du zu arbeiten und nüchtern zu bleiben! Wurdest du also an einem Wochentag morgens betrunken erwischt, ist kontrolliertes Trinken für dich keine Option mehr.
- **Potenzielle Trinkanlässe = Du kommt ohne Fahrzeug:** Bist du auf dem Weg zu einem potenziellen Trinkanlass, bzw. hast Alkoholkonsum geplant (siehe Trinktagebuch), kommst du ohne Fahrzeug. Das schließt das Fahrrad und Tretroller mit ein! Sprich, entweder hast du einen Fahrer oder fährst Taxi.
- **Auch im Notfall** wirst du nicht betrunken fahren, da du die enthemmende Wirkung und die Unkalkulierbarkeit kennst.

Achtung, Fangfrage! Es ist möglich, dass der Psychologe dich nach einer absoluten Ausnahmesituation fragt, z.B. der geplatzten Fruchtblase deiner schwangeren Freundin. In der MPU antwortest du definitiv, dass du auch in diesen Fällen strikt nicht fährst, wenn du Alkohol getrunken hast!

- **Aktenkundige Alkoholtoleranz:** Stichwort Torkelbogen! Diesen findest du in deiner Akte des Straßenverkehrsamtes. Umso betrunkener Polizei & Amtsarzt dich bei deiner Kontrolle eingeschätzt haben, desto besser ist das für dich. Hast du bei fast 2 Promille keine Ausfallerscheinungen gezeigt, liegt aktenkundig erhöhte Alkoholtoleranz vor. Damit hast du es in der MPU bezüglich kontrollierten Trinkens sehr schwer.

- **Männer 24 g rein, Frauen 12 g:** Sind die Grenzwerte für gesundheitlich unbedenklichen Alkoholkonsum am Tag. Für dich in deinem kontrollierten Trinken ist Alkoholkonsum selbstverständlich maximal einmal im Monat und bis maximal 0,5, besser 0,3 Promille erlaubt!

- **30 pg/mg: 2 l Bier theoretisch noch möglich:** Du musst in die MPU keinen Abstinenznachweis oder Leberwerte mitbringen. Es kann sein, dass du nach der Untersuchung gebeten wirst, auf eigene Kosten doch eine Probe abzugeben. Dem solltest du (sofern du ein reines Gewissen hast) unbedingt zustimmen, da du dich sonst verdächtig machst. Am einfachsten ist es, zur MPU einen ETG-Test mitzubringen. Den kannst du beim forensischen Labor deines Vertrauens in Auftrag geben und deine Werte kontrollieren – liegt der ETG (Ethylglucuronid) Wert unter 30 pg/mg, bist du im glaubhaften Bereich des sogenannten *moderaten Alkoholkonsums*, dem kontrollierten Trinken. Alles darüber ist definitiv zu hoch und du wirst wahrscheinlich durch die MPU fallen.

Das Trinktagebuch

Mit deinem Trinktagebuch dokumentierst und **planst** du deinen Alkoholkonsum. Einen Beispielausdruck findest du weiter unten. Planst du deine MPU mit kontrolliertem Trinken, solltest du deinem MPU-Gutachter unbedingt ein ausgefülltes Trinktagebuch vorlegen. Das dokumentierte Trinkverhalten muss mindestens sechs, besser 12 Monate in die Vergangenheit reichen und sollte auch unbedingt **Termine in der Zukunft** enthalten! In deinem Trinktagebuch trägst du also ein, wann, mit wem, wo, was, wie viel und zu welchem Anlass du getrunken hast. Bedenke bei deinen Eintragungen bitte unbedingt die 0,3 bzw. 0,5 Promillegrenze. Außerdem, dass zwischen den Anlässen ausreichend Zeit ist (min. 4 Wochen) und du niemals ungeplant getrunken hast! Ich weiß, dass ich mich hier wiederhole, aber eine positive MPU mit kontrolliertem Trinken ist nun mal kein Zuckerschlecken.

Trinktagebuch						
Datum	**Ort**	**Anlass**	**Mit wem?**	**An/ Abreise?**	**Trink-menge**	**Max. ‰**
31.12	Zuhause	Anstoßen Neujahr	Familie	Nicht nötig	1 Glas Sekt =9 g Alkohol	0,15
04.02	Bei Carl	Angrillen	Freunde	Hin: Bus Zurück: Taxi	2 kleine Bier = 26 g	0,45
01.06/ geplant	Zuhause	Sommer-grillen	Freunde / Familie	Nicht nötig	2kleine Bier= 26 g	0,45

So in etwa könnte ein Trinktagebuch aussehen. Eine Vorlage zum Download und Ausfüllen per Word oder PDF findest du kostenlos, wenn du folgenden QR-Code nutzt.

Was ist moderater Alkoholkonsum?

Um mit kontrolliertem Trinken die MPU zu bestehen, muss moderater Alkoholkonsum vorliegen. Es gibt feste Grenzen, in denen sich dein Trinkverhalten bewegen darf. Meist lässt sich auch höherer Konsum als folgend angegeben nicht mit den üblichen Tests nachweisen. Im Normalfall sind 2 Liter Bier pro Woche nicht nachweisbar im Sinne der Ablehnung der These Kontrolliertes Trinken. In der MPU darfst du allerdings maximal folgenden Konsum zugegeben, um mit kontrolliertem Trinken zu bestehen:

- **Mindestabstand** zwischen den Anlässen von vier Wochen (besser mehr!)
- **Promillegrenze von 0,5** darf nicht, 0,3 sollte nicht überschritten werden
- Das entspricht max. **zwei Flaschen** 0,33l Bier pro Anlass
- **Jedweder** Alkoholkonsum erfolgt geplant
- **Maximal** 10 Trinkanlässe / Jahr

Diesen moderaten Konsum belegst du am besten mit deinem Trinktagebuch. Versuchst du die MPU mit kontrolliertem Trinken zu bestehen, solltest du unbedingt ein Trinktagebuch führen / anlegen.

Fachwissen Alkohol

Im Folgenden findest du einige Fragen und Antworten zu Alkohol. Für jede Alkohol-MPU ist es von Vorteil, wenn du dich intensiv mit der Droge Alkohol auseinandergesetzt hast und die Wirkweise kennt. Nur so lassen sich effektiv zukünftige Alkoholfahrten verhindern. Planst du eine MPU ohne Abstinenznachweis, also mit kontrolliertem Trinken, musst du **unbedingt** ein umfangreiches Wissen zu Alkohol mitbringen. Denn, da du dir umfangreiches Wissen zur Alkoholthematik angeeignet hast, kann davon ausgegangen werden, dass du es ernst meinst mit deiner Verhaltensänderung was Trinken und Fahren angeht. Daher musst du für deine MPU folgende Fragen und Antworten auswendig kennen:

Wann tritt **absolute** Fahruntüchtigkeit auf?

- Ab 1.1 ‰

Wann tritt **relative** Fahruntüchtigkeit auf?

- Bei mindestens 0,3 ‰, aber weniger als 1.1 ‰ und Ausfallerscheinungen wie torkelndem Gang oder gefahrenen Schlangenlinien.

Nenne psychische und physische Beeinträchtigungen bei Alkoholmissbrauch im Straßenverkehr?

- Eingeschränktes Urteilsvermögen
- Eingeschränkte Sinneswahrnehmung
- Selbstüberschätzung
- Koordinationsstörungen
- Erhöhte Blendempfindlichkeit
- Einschränkung des seitlichen Sichtfeldes (Tunnelblick)
- Schlechteres Dämmerungssehen
- Gestörte Hell- Dunkelanpassung

Nenne typische Verhaltensmuster betrunkener Autofahrer

- Verlangsamte Reaktion
- Enthemmung
- Situationsverkennung

Nenne Wirkungen des Alkohols, die nicht nur im Straßenverkehr feststellbar sind?

- Gesteigertes Selbstbewusstsein
- Gehobene Stimmungslage und Euphorie
- Kontaktfreudigkeit

- Gesteigerte Unternehmungslust
- Störungen der Fein-/ Grobmotorik und des Gleichgewichts
- Artikulationsstörungen
- Müdigkeit
- Aggressivität
- Erhöhte Risikobereitschaft
- Erhöhte Bereitschaft zu spontanen Handlungen
- Störungen der optischen Wahrnehmung
- Enthemmung
- Distanzlosigkeit

Was bedeutet der Begriff **Resorption**?

- Resorption ist die Aufnahme des Alkohols im Blut.

Was bedeutet der Begriff **Elimination**?

- Elimination ist der Abbau des Alkohols im Körper.

Schätze den Pro-Kopf-Verbrauch pro Jahr an reinem Alkohol in Deutschland

- Pro Kopf werden ca. 10-12 Liter reiner Alkohol getrunken.

Um wie viel höher ist das Unfallrisiko bei einer Blutalkoholkonzentration von 0.8 ‰ und 1.1 ‰ gegenüber einem nüchternen Autofahrer? Gib eine Schätzung ab.

- 0,8 ‰: Vier mal höheres Unfallrisiko
- 1.1 ‰: Neun mal höheres Unfallrisiko

Schreibe die Formel zur Berechnung der Blutalkoholkonzentration auf:

- BAK in ‰ = $\frac{Alkohol\ in\ Gramm}{(Resorptionsfaktor * Körpergewicht\ in\ kg)}$

Schreibe die Formel zur Berechnung des reinen Alkohols in Gramm auf:

- Alkohol in g = $\frac{Menge\ in\ ml * Promille}{100}$ * 0,8

Nenne den **Reduktionsfaktor** für Männer / Frauen? (Abhängig vom Body-Mass-Index, BMI)

- Männer:
    - Normales Gewicht: 0.7
    - Niedriges Gewicht: 0,8
    - Hoher BMI: 0,6
- Frauen
    - Normales Gewicht: 0.6
    - Niedriger BMI: 0,7
    - Hoher BMI: 0,5

Was ist das Resorptionsdefizit?

- Der Teil des konsumierten Alkohols, der nicht im Blutkreislauf ankommt.

Wie hoch ist das Resorptionsdefizit?

- 10-30 %

Wie viel Promille werden pro Stunde seit Trinkbeginn durchschnittlich abgebaut?

- 0,10-0,2 %

Warum erreichen Frauen schneller höhere BAK als Männer?

- Wegen des höheren Flüssigkeitsanteils bei Männern (68 % zu 55 %).
- Bei Frauen ist der Körperfettanteil höher und Alkohol geht nicht in Fettgewebe über.
- Weibliche Leber baut Alkohol wegen weniger vorhandenem passendem Enzym langsamer ab.

Wie hoch ist der Unterschied zwischen Männern und Frauen?

- Frauen erreichen bis zu 20 % höhere BAK.

Welche menschlichen **inneren Faktoren** führen langfristig in den Missbrauch oder die Abhängigkeit?

- Einsamkeit
- Traurigkeit
- Langweile / Unterforderung
- Perspektivlosigkeit
- Leistungsdruck
- Schmerz
- Kein Selbstvertrauen (wenn ich getrunken habe, hatte ich plötzlich Selbstvertrauen)
- Ausblenden von Missstimmungen
- Missempfindungen
- Unangenehme Erfahrungen
- Abbau seelischen Stresses
- Angst oder psychischer Schmerz
- Posttraumatische Belastungsstörungen
- Depression
- Umgang mit Empfindungen innerer Leere

- Frustration
- Unterforderung
- Verlust an Lebensperspektiven oder Lebenssinn
- Unterdrückter Ärger
- Zu geringes Selbstwertgefühl
- Fehlen von Ruhe, Gelassenheit und Geborgenheit

Nennen einige **innere Gründe** für stabile Veränderungen hin zu kontrolliertem Trinken oder zu Alkoholabstinenz

- Kann jetzt Gefühle äußern
- Hat gelernt auf andere Menschen zuzugehen
- Kann sich jetzt entspannen
- Hat gelernt gesund zu leben
- Kann besser mit Hierarchien und Autorität umgehen
- Hat gelernt nein zu sagen
- Hat gelernt zu vertrauen
- Hat gelernt zu lieben

Was bedeutet der Begriff **Toleranz** bei Alkoholmissbrauch?

- Auf die fortwährende Störung des Organismus durch Alkoholzufuhr kann der Körper sich zunehmend einstellen. Er reagiert weniger auf den Alkohol. Um die gleiche Rauschwirkung weiterhin zu erzielen, muss die Dosis erhöht werden.

Auf welches **Organ** wirkt der **Alkohol** am stärksten?

- Auf das Gehirn.

Ab welcher Menge reinen Alkohols pro Tag in Gramm wird weltweit von Gesundheitsschädigung bei Männern bzw. Frauen gesprochen?

- Männern 24-300 g
- Frauen 12-20 g

Ab welcher Promillezahl kann man nach medizinischem Wissensstand von chronischer, schwerer Alkoholproblematik ausgehen, wenn keine schweren Intoxikationszeichen (Vergiftungs-/ Ausfallerscheinungen) vorliegen?

- Männer: 2,0 Promille
- Frauen: 1,5 Promille

Wann spricht man von **Alkoholmissbrauch**?

- Begriff wird eigentlich nicht mehr benutzt.
- Alkohol wird vor allem wegen der psychischen Wirkung (Betäubung, Entspannung...) eingesetzt
- Kontrollverlust
- Einsetzen des Suchtmittels zu unpassenden Zeiten (im Straßenverkehr, auf der Arbeit, etc.)

Wann spricht man von **Alkoholabhängigkeit**?

- Unwiderstehliches Verlangen nach Alkohol
- Auftreten von Entzugserscheinungen
- Gedächtnis- und Denkstörungen
- Störungen des vegetativen Nervensystems
- Schwitzen
- Tremor (Muskelzittern)
- Appetitlosigkeit
- Übelkeit

- Erbrechen
- Durchfälle

Was sind die **sechs Kriterien des ICD 10** (Internationale Klassifikation psychischer Störungen) für Abhängigkeit?

- Starker Wunsch oder Zwang Alkohol zu konsumieren
- Verminderte Kontrollfähigkeit hinsichtlich Beginns, Beendigung und Menge des Konsums
- Körperliche Entzugserscheinungen
- Toleranzentwicklung bzw. Dosissteigerung
- Fortschreitende Vernachlässigung anderer Vergnügungen oder Interessen zugunsten des Alkoholkonsums
- Konsum trotz Nachweises eindeutiger Schäden z.B.
    - Körperlicher Schäden (z.B. Leberschäden)
    - Psychische Schäden (z.B. Depression)
    - Sozialer Beeinträchtigungen (z.B. Arbeitsplatzverlust)

Wie viele müssen erfüllt sein, um von **Abhängigkeit** zu sprechen?

- 3 Kriterien

Was sind **äußere Gründe** für Alkoholkonsum?

- Krankheit
- Todesfall
- Man wurde Opfer einer schweren Straftat
- Trennung
- Scheidung
- Unternehmensproblem
- Schwierige Strukturen am Arbeitsplatz

- Probleme mit dem Lebenspartner
- Meine Mutter sagte mal, ich wäre eine schwere Geburt gewesen... Das belastete mich mehr, als mir klar war
- Ich war immer der Kleinste
- Ich hatte nie Erfolg bei Frauen

Nenne einige **äußere Gründe für stabile Veränderungen** hin zu kontrolliertem Trinken oder zu Alkoholabstinenz

- Beziehungen
- Betriebsklima
- Freunde
- Stabile finanzielle Situation

Was bedeutet der Begriff **"Bagatellisierung"**, der in negativen Gutachten immer wieder auftaucht?

- Wenn man:
- Die Schuld für die Alkoholfahrt(en) auf externe Faktoren schiebt
- Eigene Anteile leugnet
- Zu geringe Trinkmengen angibt

Sonderfall A4: Fahrerlaubnisbefreites Fahrzeug

Diese MPU unterscheidet sich gar nicht so großartig von anderen MPUs, wie man meinen könnte. Das liegt daran, dass du i.d.R. mit über 1,6 Promille erwischt worden bist, um eine Aufforderung zur MPU zu bekommen. Wie wir bereits wissen, liegt für jeden, der mit so einem hohen Promillewert noch ein Fahrzeug führen kann, eine stark gesteigerte Toleranz vor. Damit wird automatisch auch auf ein mindestens problematisches Konsumverhalten geschlussfolgert und du befindest dich in Hypothese A1, A2 oder A3. Ergo solltest du eine analoge Einordnung und Vorbereitung vornehmen. Auch, falls du „nur" auf dem Fahrrad erwischt worden bist, empfehle ich weiterhin die Vorbereitung gemäß Hypothese A2 – Einsicht in Alkoholmissbrauch - 12 Monate Abstinenznachweis – zukünftige Trunkenheitsfahrten werden durch vollkommene Abstinenz vermieden.
In deiner MPU stehen ferner folgende Fragen besonders im Fokus:

- Liegt Wiederholungsgefahr vor?
- Lässt sich aus dieser Trunkenheitsfahrt auch auf erhöhtes Risiko für alkoholisiertes Führen eines Kraftfahrzeuges schließen?
- Liegt / lag Kontrollverlust vor?

Wiederholungsgefahr wird über deinen Prozess ausgeschlossen – du bist nach deiner MPU-Vorbereitung ein anderer Mensch mit vollkommen anderer Einstellung zu Alkohol. Ein Veränderungsprozess nach deiner Einsicht gemäß den vier Leitfragen dieses Buches ist für dich genauso verpflichtend, wie für jemanden, der mit zwei Promille ein Auto geführt hat. Das musst du akzeptieren. Ebenso musst du einsehen, dass du, auch wenn du „nur" auf dem Fahrrad unterwegs warst, Menschenleben gefährdet hast. Eben, weil du am Straßenverkehr teilgenommen hast, ohne Herr deiner Sinne zu sein.

Das frühere betrunkene Führen eines Kfz darfst du zugeben – schließlich hast du dich ja von Grund auf geändert. Manche behaupten sogar, du solltest betrunkene Autofahrten dazu erfinden, falls es die nicht gabt. Das soll theoretisch deine Glaubwürdigkeit stärken. Denn auf eine erwischte Trunkenheitsfahrt sollen 300 nicht entdeckte kommen – unabhängig auf welches Fahrzeug sie entfallen.

Falls ein Kontrollverlust vorlag, befinden wir uns sicher in Hypothese A2 – du musst also auf einem schmalen Grat wandern, wenn du erklären willst, warum du bei 1,6 Promille noch bei Sinnen warst und trotzdem ein Fahrzeug geführt hast. Kontrollverlust wird angenommen, wenn du zugibst, jemals einen Blackout oder Filmriss gehabt zu haben oder dich mal wegen Alkohol übergeben musstest. Außerdem könnten Eintragungen in deiner Akte, etwa eine betrunkene Schlägerei, Indizien für Kontrollverlust sein.

Darf ich nach der MPU wieder mehr trinken?

In der MPU musst du jeglichem Alkoholkonsum in der Zukunft verneinen, wenn du Hypothese A1 zugeordnet wirst oder einen Abstinenznachweis mitbringst. Einzig wenn du in A3 (A2) bist, kannst du in Zukunft noch Alkoholkonsum zugeben, allerdings nur innerhalb der strengen Grenzen des **Kontrollierten Trinkens**. Sofern du dein positives Gutachten an das Straßenverkehrsamt geschickt hast, bekommst du deinen Führerschein zurück. Du solltest zwischen Ablegen der MPU und erhalten des Gutachtens unbedingt noch auf Alkoholkonsum verzichten, da evtl. noch nachträglich ein Test angeordnet wird und du deine Chancen auf den Führerschein zerstörst, wenn du nach der Untersuchung wieder anfängst zu trinken. Hast du den Führerschein erstmal wieder, kannst du machen, was du willst. Theoretisch auch wieder Alkohol trinken (bitte nicht mehr betrunken fahren!). Doch bedenke: Die zweite MPU wird viel, viel schwerer als die Erste. Daher lass einfach die Finger von Fahrzeugen jedweder Art, wenn du trinken willst. Falls du wieder Alkohol konsumieren möchtest, wünsche ich dir in Zukunft einen stets kritischen Blick auf deinen Konsum und einen gesunden Umgang mit der Droge.

Denk dran, dass du das in der MPU auf keinen Fall zugeben darfst. Ich hingegen realistisch und ehrlich genug, um genau zu wissen, dass einige der *Abstinenzler* den Erhalt des positiven Gutachtens mit einem Bier feiern wird.

Kapitel 5: Checklisten zu den Alkoholhypothesen

Wir sind fast am Ende deiner Vorbereitung angekommen. Mittlerweile solltest du genau wissen, was die MPU ist und wie sie funktioniert. Außerdem solltest du deine persönliche Geschichte jetzt vollständig vorliegen haben. Sprich: 1-2 Seiten Word Dokument, in der du deine (Alkohol-) Vergangenheit, den Tag der Trunkenheitsfahrt, deine Einsicht und deinen Veränderungsprozess detailliert beschreibst. In diesem 5. Kapitel findest du für jede Hypothese Checklisten – also welche Sätze, Beispiele und Gegebenheiten dir Pluspunkte einbringen. Ist ein Punkt in der Checkliste aufgeführt und du nennst ihn in deiner MPU, ist das gut für dich. Anders verhält es sich mit den Kontraindikatoren: Sie bringen dir Minuspunkte. Du solltest also tunlichst vermeiden, solche Dinge in deiner MPU zu sagen. Du musst nicht alle Punkte in der MPU abarbeiten – es reicht, wenn du den Großteil der Indikatoren pro Kriterium erfüllst. Denke immer daran: Deine psychologische Untersuchung ist ein offenes Gespräch und kein Frage-Antwortspiel. Die Checklisten sind hierarchisch aufgebaut. Das bedeutet, erstgenannte Indikatoren behalten ihre Gültigkeit für spätere Hypothesen. Erfüllst du also z.B. einen Indikator für A1 ist das auch für eine A3-MPU immer noch ein guter, positiver Indikator.

Checkliste A1: Alkoholsucht

Beschreibt eine Alkoholsucht. Das bedeutet ärztlich attestierte Abhängigkeit von Alkohol.

Was sind **Voraussetzungen**, um die MPU zu bestehen?

- Die Sucht wurde **therapeutisch aufgearbeitet**, d.h. du legst eine psycho- oder suchttherapeutische Bescheinigung vor.
- Mindestens ein Jahr währender Abstinenznachweis.
- Vollkommener Alkoholverzicht, d.h. du trinkst auch nicht mal „ab und zu" ein Bier und vermeidest alkoholhaltige Speisen!
- Zu Grunde liegende Probleme wurden angemessen aufgearbeitet.
- Stabilität der Abstinenz dank erlebter Erfolge, familiärer und sozialer Einbindung und positiv verbessertem Lebenswandel.

Was wirkt sich **positiv aus** und vereinfacht die MPU für A1?

- (Sehr) kurze Abhängigkeitsphase
- Keine (weitreichende) Störung der Sozialbezüge
- Keine (wesentliche) Persönlichkeitsveränderung
- (Starke) intrinsische Therapiemotivation
- Letzter Konsum lange her (bspw. Vor 3 Jahren, letzten 15 Monate mit Abstinenznachweis)

Hypothese A1 Kriterium Nr. 1 **Ich verzichte konsequent auf Alkohol.**	
Indikator	**erfüllt?**
Ich trinke seit **mindestens** 12, **normalerweise** 15, Monaten keinen Alkohol mehr	☐
Ich konsumiere **keine** „alkoholfreien" Getränke (alkoholfreies Bier, Wein oder Sekt)	☐
Ich verzichte auf alkoholhaltige Speisen (Schnapspralinen, Schwarzwälder Kirschtorte etc.)	☐
Ich habe einen mindestens **12 Monate** währenden Abstinenznachweis	☐
Falls keine Therapie gemacht wurde: Ich habe einen mindestens **15 Monate** währenden Abstinenznachweis	☐
Meine letzte Abstinenzkontrolle ist nicht länger her als 2, allerhöchstens 4 Monate	☐
Falls die Kontrolle länger her ist als 2 Monate, kann ich glaubwürdig erklären, warum der Zeitraum so groß ist	☐
Falls das Ende meines einjährigen Abstinenznachweises länger her ist als 4 Monate, bringe ich einen zusätzlichen, aktuellen Abstinenznachweis mit	☐
Falls alkoholbedingte körperliche Schäden bei mir diagnostiziert wurden, haben sich diese zurückgebildet	☐

Ich habe eine ambulante oder stationäre Therapie **erfolgreich** beendet	☐
Falls ich Medikamente zur Verminderung des Suchtdrucks bekommen habe, bin ich seit **mindestens 6** Monaten frei davon und trotzdem abstinent	☐
Ich kann den **Moment** meines **Abstinenzentschlusses** genau beschreiben. (Datum, Zeitpunkt, Gedanken und Motivation)	☐
Ich beschreibe seelische, körperliche und/oder soziale **Veränderungen** bzw. **Verbesserungen** seit Beginn und im Verlauf der Abstinenz	☐
Ich habe genug **Selbstvertrauen**, um auch in belastenden Situationen abstinent zu bleiben	☐

Hypothese A1 Kriterium Nr. 2

Ich habe meine Alkoholsucht aufgearbeitet und die auslösenden Probleme identifiziert und überwunden.

Indikator	erfüllt?
Ich habe eine suchttherapeutische **Maßnahme** in stationärer oder ambulanter Einrichtung erfolgreich beendet und habe einen entsprechenden **Nachweis**	☐
Die Bescheinigung der Therapie dokumentiert den Zeitraum und möglichst auch frühere Therapien und Entgiftungen	☐
Ich habe meine Therapie **nicht** vorzeitig **abgebrochen**	☐

Ich berichte über **Therapieinhalte** und erlernte **Verhaltensstrategien** zur Verringerung des Rückfallrisikos	☐
Abstinenzbegleitende psychotherapeutische Maßnahmen sind abgeschlossen	☐
Falls ich keine professionelle, fachliche Hilfe in Anspruch genommen habe: Ich nenne **innere und äußere** Bedingungen, die meine konsequente Verhaltens- und Einstellungsveränderung ermöglicht haben	☐
Ich habe **Bedingungen**, die zur Abhängigkeit führten, **bewältigt**. Diese bestehen nicht weiter fort.	☐
Ich konsumiere **keine** psychoaktiv wirksamen Substanzen (Drogen oder Medikamente)	☐
Ich rechne nicht mit einer erhöhten Rückfallwahrscheinlichkeit	☐

Hypothese A1 Kriterium Nr. 3

Ich habe eine nachvollziehbare und gefestigte Motivation zur lebenslangen Abstinenz.

Indikator	erfüllt?
Ich **akzeptiere**, dass ich nicht kontrolliert mit Alkohol umgehen kann	☐
Ich akzeptiere, dass ich **abhängig** bin	☐

<table>
<tr><td>Ich kenne und nenne die großen Risiken, sollte ich weiter Alkohol trinken</td><td>☐</td></tr>
<tr><td>Mir ist bewusst, dass nur völlige Abstinenz einen Rückfall in exzessives Trinken vermeiden kann
<table>
<tr><td>Kontraindikatoren:</td></tr>
<tr><td>Ich glaube, „mich im Griff zu haben“, wenn ich doch mal etwas trinken sollte</td></tr>
<tr><td>Zu besonderen Anlässen möchte ich gelegentlich Alkohol konsumieren</td></tr>
</table></td><td>☐</td></tr>
<tr><td>Ich erläutere die inneren und äußeren Gründe, die zur Abhängigkeit führten</td><td>☐</td></tr>
<tr><td>Ich nenne meine persönlichen Gründe für den Abstinenzentschluss</td><td>☐</td></tr>
<tr><td>Ich erkläre, wann, wie und warum ich Probleme hatte die Abstinenz aufrechtzuerhalten, bzw. „Trocken zu bleiben“ schwierig und anstrengend war</td><td>☐</td></tr>
<tr><td>Ich bin zufrieden abstinent – führe also ein befriedigendes Leben ohne Alkoholkonsum</td><td>☐</td></tr>
<tr><td>Ich nenne Probleme aus meinem früheren Leben, die ich im Wesentlichen auf meinen Alkoholkonsum zurückführe</td><td>☐</td></tr>
<tr><td>Ich betone, nun eine verfeinerte Sinnes- und Selbstwahrnehmung zu haben</td><td>☐</td></tr>
</table>

Bei dem Bericht über mein früheres abhängiges Trinkverhalten verzichte ich auf **Bagatellisierungen und Leugnen, Verschönerung oder Verdrängung**	☐
Falls ich früher schon einmal abstinent gelebt habe: Ich beschreibe einen **qualitativen Unterschied** zu früheren Trinkpausen	☐
Ich nenne meine neuen, **aktiven Lösungsstrategien** zur Bewältigung anspruchsvoller und emotional belastender Situationen	☐
Ich beschreibe, wie ich unangenehme, stressige oder emotional **belastende Situationen** heute ohne Alkoholkonsum bewältige. Dazu führe ich auch ein konkretes **Beispiel** auf.	☐
Ich spreche über **Zukunftspläne** und Perspektiven. Außerdem erläutere ich **nachvollziehbar**, wie ich die erreichen möchte	☐
Dank meiner neuen Selbstsicherheit habe ich genug Selbstvertrauen, um auch in schwierigen Momenten auf Alkohol **verzichten** zu können. Dazu führe ich ein konkretes **Beispiel** auf.	☐
Falls ich mal aus Versehen Alkohol zu mir genommen habe (z.B. Kuchen, Pralinen, Mischgetränken), habe ich den Konsum **sofort** eingestellt.	☐

Hypothese A1 Kriterium Nr. 4

Meine Abstinenz ist endgültig, stabil und wird sowohl durch mein Umfeld als weitere Rückfall verhindernde Maßnahmen gestützt.

Indikator	erfüllt?
Ich **bleibe**, dank meines starken (neuen) Selbstvertrauens, meiner Selbstsicherheit und meines Durchsetzungsvermögens auch in psychisch belastenden oder verführenden Situationen **abstinent**	☐
Obwohl meine Therapie zu Ende ist, nutze ich **weiterhin** regelmäßig stützende Maßnahmen wie z.B. die Anonymen Alkoholiker, oder Selbsthilfegruppen Kontraindikatoren: Ich versuche, alles allein zu schaffen (Das kann, muss und werde ich allein schaffen) Ich behaupte, allein meine Willensstärke reicht, um abstinent zu bleiben	☐
Ich habe **Situationen** im **beruflichen Umfeld** (z.B. Weihnachtsfeier, Kundenessen) die eine erhöhte Rückfallgefahr bergen, identifiziert. Ich habe entsprechende Schritte unternommen, um das Rückfallrisiko zu verringern (**Lösungsstrategien**)	☐
Ich nenne **konkrete** Warnsignale, auf die ich bei mir selbst achte und wie ich gegebenenfalls auf sie regieren werde	☐
Ich berichte über **neue** oder wieder aufgenommene **Hobbys**	☐

Ich habe **Situationen** im **Freizeitbereich** (z.B. Vereinsfeiern, Pils nach dem Training), die eine erhöhte Rückfallgefahr bergen, identifiziert. Ich habe entsprechende Schritte unternommen, um das Rückfallrisiko zu verringern (**Lösungsstrategien**) Kontraindikator: Ich besuche weiterhin Aktivitäten und Anlässe, bei denen es hauptsächlich ums Trinken geht	☐
Ich habe mit dem viel Alkohol trinkenden Teil meines **Umfeldes** weniger/ nichts mehr zu tun und **neue Kontakte** mit anderen **gemeinsamen Interessen** aufgebaut	☐
Mein soziales **Umfeld akzeptiert und stützt** meine Abstinenz	☐
Ich habe wesentliche **Bezugspersonen** wie Familie, Partner und Freunde über meine Alkoholkrankheit **informiert**	☐
Die Abstinenz hat nicht zu neuen Problemen in Familie oder Partnerschaft geführt	☐
Meine familiären und/oder partnerschaftlichen **Beziehungen** haben sich seit der Abstinenz **verbessert**	☐
Ich beteilige mich **aktiver** am **Familienleben** und bin an der Lösung der Probleme anderer (z.B. der Kinder, des Nachbarn) interessiert	☐

Hypothese A1 Kriterium Nr. 5 **Falls ich doch kurzfristig Alkohol konsumiert habe, bin ich dennoch überzeugt, langfristig stabil abstinent zu bleiben.**	
Indikator	**erfüllt?**
Mein Rückfall ist **mindestens 6** Monate her und angemessen **aufgearbeitet**	☐
Der Alkoholkonsum war in der Anfangsphase der Abstinenz, als ich noch nicht ausreichend motiviert war	☐
Seit dem Konsum habe ich **wichtige neue** Einsichten gewonnen und Erfahrungen gemacht	☐
Ich akzeptiere, dass meine Abstinenz sich nicht mit Einschränkungen und Ausnahmen verträgt	☐
Ich berichte freiwillig von meinem Rückfall (Falls du in der MPU darüber reden möchtest, sprichst du den Rückfall von dir aus an, nicht erst auf Nachfrage)	☐
Ich habe mich vom Rückfall nicht unterkriegen lassen, sondern mich **intensiv** damit auseinandergesetzt	☐
Ich habe **konkrete Schritte** unternommen, um auf vergleichbare Situationen vorbereitet zu sein und zukünftig abstinent zu bleiben Kontraindikator: Ich behaupte, der Rückfall war nur ein Ausrutscher und ist in Zukunft ausgeschlossen	☐

<table>
<tr><td>Der rückfällige Alkoholkonsum fand nur während eines kurzen Zeitraums statt</td><td>☐</td></tr>
<tr><td>Ich habe noch intensiver an meinen Lösungsstrategien zur Belastungsbewältigung gearbeitet
<table><tr><td>Kontraindikator:</td></tr><tr><td>Ich plane oder gestatte mir zukünftig gelegentlichen Alkoholkonsum</td></tr></table></td><td>☐</td></tr>
</table>

Checkliste A2: Alkoholmissbrauch

Beschreibt den schädlichen, problematischen Konsum von Alkohol.

Was sind **Voraussetzungen**, um die MPU zu bestehen?

- Mindestens sechs Monate, normal **ein Jahr** währender Abstinenznachweis
- **Vollkommener** Alkoholverzicht, d.h. du trinkst auch nicht mal „ab und zu" ein Bier und vermeidest alkoholhaltige Speisen!
- Der Alkoholverzicht gilt **für immer**
- Die drei oberen Punkte lassen sich durch kontrolliertes Trinken umgehen, setzen aber eine spezielle Therapie voraus
- Zu Grunde liegende **Probleme** wurden angemessen aufbereitet
- Stabilität der Abstinenz dank erlebter **Erfolge**, familiärer und sozialer Einbindung und positiv verbessertem Lebenswandel

Was wirkt sich **positiv** aus und vereinfacht die MPU für A2?

- **Lange** währende **Abstinenz** (Habe schon seit 2 Jahren keinen Alkohol mehr getrunken)
- **Vermeiden** von Anlässen, bei denen viel getrunken wird (Karneval, Festivals)
- Teilnahme an alkoholspezifischer (psychologischer) **Maßnahme**
- Beispiele für angewandte Lösungsstrategien nennen
- Neue, **abstinente** Freunde
- Neue Hobbys

Hypothese A2 Kriterium Nr. 1 **Ich verzichte konsequent auf Alkohol.**	
Indikator	**erfüllt?**
Ich trinke seit mindestens 6, besser **12 Monaten** oder länger keinen Alkohol mehr	☐
Ich konsumiere **keine** „alkoholfreien" Getränke (alkoholfreies Bier, Wein oder Sekt)	☐
Ich verzichte auf **alkoholhaltige Speisen** (Schnapspralinen, Schwarzwälder Kirschtorte etc.)	☐
Ich lege einen **Abstinenznachweis** vor	☐
Meine letzte **Abstinenzkontrolle** ist nicht länger her als 2, allerhöchstens 4 Monate	☐
Falls die Kontrolle länger her ist als 2 Monate, kann ich glaubwürdig erklären, warum der Zeitraum so groß ist.	☐
Falls das Ende meines einjährigen Abstinenznachweises länger her ist als 4 Monate, bringe ich einen zusätzlichen, aktuellen Abstinenznachweis mit	☐

Hypothese A2 Kriterium Nr. 2

Meine Abstinenz ist endgültig, stabil und wird sowohl durch mein Umfeld als auch weitere Rückfall verhindernde Maßnahmen gestützt.

Indikator	erfüllt?
Ich werde nie wieder Alkohol trinken. Kontraindikatoren: Ich bin nur abstinent, um meinen Führerschein zurückzubekommen. Ich mache mir bereits jetzt Gedanken, wie ich in Zukunft Fahrten unter Alkoholeinfluss vermeiden kann Ich bin nur vorübergehend und zweckorientiert alkoholabstinent	☐
Ich habe Situationen im beruflichen Umfeld (z.B. Weihnachtsfeier, Kundenessen), die eine erhöhte Rückfallgefahr bergen, identifiziert. Ich habe entsprechende Schritte unternommen, um das Rückfallrisiko zu verringern (Lösungsstrategien)	☐
Ich habe Situationen im Freizeitbereich (z.B. Vereinsfeiern, Pils nach dem Training), die eine erhöhte Rückfallgefahr bergen, identifiziert. Ich habe entsprechende Schritte unternommen, um das Rückfallrisiko zu verringern (Lösungsstrategien) Kontraindikator: Ich besuche weiterhin Aktivitäten und Anlässe, bei denen es hauptsächlich ums Trinken geht	☐

Ich berichte über verbesserte Lebensverhältnisse und eine positiv veränderte Freizeitgestaltung Kontraindikatoren: Ich habe keine neuen Beschäftigungen, Hobbys und Verhaltensweisen Ich befinde mich noch häufig an den Orten, wo ich früher Alkohol konsumiert habe	☐
Ich nehme nicht mehr an Veranstaltungen teil, bei denen der Konsum von Alkohol im Vordergrund steht (z.B. Karneval, Stammtisch, Schützenfest etc.)	☐
Ich habe wichtige Bezugspersonen wie Familie, Partner und Freunde über mein Alkoholproblem und den daraus resultierenden Abstinenzentschluss informiert Mein Alkoholverzicht wird von ihnen akzeptiert und unterstützt.	☐
Ich verzichte seit mindestens 12 Monaten auf Alkohol (sechs Monate können auch ausreichend sein, sind aber absolutes Minimum)	☐
Ich konsumiere keine psychoaktiv wirksamen Substanzen (Drogen oder Medikamente)	☐
Es gab keine Suchtverlagerung	☐
Ich habe eine alkoholspezifische Maßnahme bei einem fachlich qualifizierten Psychologen, oder einer Beratungsstelle absolviert	☐

<table>
<tr><td>Die therapeutische Intervention ist abgeschlossen. Mein Therapeut hält weitere Maßnahmen, die in Verbindung mit dem Straßenverkehr oder dem Alkoholmissbrauch stehen, für nicht erforderlich</td><td>☐</td></tr>
<tr><td>Eine Bescheinigung des behandelnden Psychologen lege ich vor. Diese enthält:<table><tr><td>Den Zeitraum der Maßnahme</td><td></td></tr><tr><td>Den Umfang (z.B. 12 Therapiestunden innerhalb eines Jahres)</td><td></td></tr></table></td><td>☐</td></tr>
<tr><td>Seit Abschluss der Therapie bin ich mindestens drei, im Normalfall sechs Monate</td><td>☐</td></tr>
</table>

<table>
<tr><th colspan="2"><u>Hypothese A2 Kriterium Nr. 3</u>

Ich habe eine nachvollziehbare und gefestigte Motivation zur lebenslangen Abstinenz.</th></tr>
<tr><th>Indikator</th><th>erfüllt?</th></tr>
<tr><td>Ich nenne die Gründe, die zu meiner Entscheidung, vollständig auf Alkohol zu verzichten, geführt haben</td><td>☐</td></tr>
<tr><td>Ich beschreibe den Veränderungsprozess, der zur Einhaltung des Alkoholverzichts geführt hat. Dieser umfasst:
<table><tr><td>Einsicht / Erkenntnis</td><td></td></tr><tr><td>Motivation / Gründe</td><td></td></tr><tr><td>Veränderung von Einstellung und Lebensgestaltung</td><td></td></tr><tr><td>Zukünftig eventuell schwierige Situationen</td><td></td></tr><tr><td>Lösungsstrategien</td><td></td></tr></table></td><td>☐</td></tr>
<tr><td>Die Motivation für meinen Alkoholverzicht ist dauerhaft und daher auch in Zukunft wirksam</td><td>☐</td></tr>
<tr><td>Ich erläutere die inneren und äußeren Gründe, die zum Alkoholmissbrauch führten
<table><tr><td>Kontraindikatoren:</td></tr><tr><td>Ich bagatellisiere, beschönige, verdränge oder leugne den Alkoholmissbrauch und die damit verbundenen Schwierigkeiten</td></tr><tr><td>Ich grenze mich von „echten Alkoholikern“ ab</td></tr></table></td><td>☐</td></tr>
</table>

<table>
<tr><td>Ich nenne Probleme, die früher durch den Missbrauch begünstigt oder hervorgerufen wurden</td><td>☐</td></tr>
<tr><td>Ich beschreibe den Unterschied zwischen dem jetzigen, endgültigen Entschluss zur Abstinenz und früheren Trinkpausen</td><td>☐</td></tr>
<tr><td>Ich nenne meine neuen, aktiven Lösungsstrategien zur Bewältigung anspruchsvoller und emotional belastender Situationen</td><td>☐</td></tr>
<tr><td>Ich bin mir meiner Selbst und meinen Gefühlen heute besser bewusst. Das bedeutet z.B.:
<table>
<tr><td>Höhere Selbstwirklichkeitserwartungen</td><td></td></tr>
<tr><td>Mehr Optimismus</td><td></td></tr>
<tr><td>Neue Konfliktlösestrategien</td><td></td></tr>
<tr><td>Verbesserte Selbstkontrolle</td><td></td></tr>
<tr><td>Akzeptanz meiner eigenen Verletzlichkeit</td><td></td></tr>
</table></td><td>☐</td></tr>
<tr><td>Ich spreche über Zukunftspläne und Perspektiven. Außerdem erläutere ich nachvollziehbar, wie ich diese erreichen möchte</td><td>☐</td></tr>
<tr><td>Ich bin mir bewusst, dass ein Rückfall in alte Trinkgewohnheiten meine Zukunftspläne gefährdet</td><td>☐</td></tr>
<tr><td>Ich habe genug Selbstvertrauen, um auch in belastenden Situationen abstinent zu bleiben</td><td>☐</td></tr>
</table>

Ich verfüge über ausreichend Selbstvertrauen, um auch in **sozialen Verführungssituationen** (*Komm, trink doch einen mit uns!*) **abstinent** zu bleiben. Dafür nenne ich ein Beispiel	☐

Hypothese A2 Kriterium Nr. 4

Ich erlebe die Abstinenz als positive, lohnenswerte Erfahrung und dank des Verzichts auf Alkohol habe ich eine bessere Beziehung zu mir selbst entwickelt und/oder positives Feedback erhalten.

Indikator	erfüllt?
Ich berichte über **neue** oder wieder aufgenommene **Hobbys**	☐
Ich habe mit dem viel Alkohol trinkenden Teil meines **Umfelds weniger/ nichts** mehr zu tun und neue Kontakte mit anderen gemeinsamen Interessen aufgebaut	☐
Ich berichte von **positiven Entwicklungen** in der Familie/Partnerschaft seit Beginn der Abstinenz, z.B.:	☐
Weniger Streit und Konflikte ☐	
Verbesserte Aufgabenverteilung ☐	
Verbesserung der finanziellen Situation ☐	
Ausüben gemeinsamer Freizeitinteressen ☐	
Ich beteilige mich **aktiver** am **Familienleben** und bin an der Lösung der Probleme anderer (z.B. meiner Kinder) interessiert	☐

<table>
<tr><td>Ich habe seit und Dank der Abstinenz berufliche Erfolge erzielt</td><td>☐</td></tr>
<tr><td>Seit meinem Alkoholverzicht bin ich zufriedener und spürbar verantwortungsbewusster. Ich orientiere mich an meinen langfristigen Plänen und habe einen strukturierteren Tagesablauf</td><td>☐</td></tr>
<tr><td>Durch meine gesteigerte Leistungsfähigkeit habe ich einen (neuen) Job gefunden. Dadurch fühle ich mich besser, wertvoller, stärker. Ich habe beispielsweise Hartz IV verlassen</td><td>☐</td></tr>
<tr><td>Mein Freundes- und Bekanntenkreis akzeptiert und stützt meine abstinente Lebensweise
<table>
<tr><td>Kontraindikatoren:</td></tr>
<tr><td>Seitdem ich nicht mehr trinke, sehe ich kaum noch Freunde oder Bekannte</td></tr>
<tr><td>Seitdem ich nicht mehr trinke, fühle ich mich depressiv</td></tr>
</table></td><td>☐</td></tr>
<tr><td>Ich berichte, dass sich mein Leben verbessert hat, da viele Nebeneffekte des Alkoholkonsums nicht mehr vorkommen. Als solche nenne ich z.B.:
<table>
<tr><td>Kater</td><td></td></tr>
<tr><td>Schwächegefühle</td><td></td></tr>
<tr><td>Aggressivität</td><td></td></tr>
<tr><td>Gedächtnislücken</td><td></td></tr>
<tr><td>Peinliche Auftritte in der Öffentlichkeit</td><td></td></tr>
</table></td><td>☐</td></tr>
</table>

Ich bin **stolz** auf mich	☐

Checkliste A3: Alkoholgefährdung

Beschreibt ein potenziell gefährliches Verhältnis zu Alkohol.
Ich empfehle eine Vorbereitung analog zur Hypothese A2, inklusive dem vollständigen, lebenslangen Verzicht auf Alkohol. Folgendes beschreibt die – risikoreiche - Variante die MPU mit **kontrolliertem Trinken** zu bestehen.

Was sind **Voraussetzungen**, um die MPU zu bestehen?

- Erfolgreich angewandtes kontrolliertes Trinken seit **mindestens** sechs Monate, besser seit **einem Jahr**
- Umfangreiches **Wissen** zu Alkohol (Widmark-Formel etc.)
- Beschreiben und benennen, worin du das **Gefährdungspotential** siehst
- Erklären, wie du es **vermeidest** alkoholisiert ein **Fahrzeug** (auch unmotorisiert!) **zu führen**

Was wirkt sich **positiv** aus und vereinfacht die MPU für A3?

- Mitbringen eines ausgefülltes **Trinktagebuches**, inklusive geplantem nächsten Monat
- Wirkungseintritt bereits nach **sehr geringer** Trinkmenge
- **Lange** praktiziertes kontrolliertes Trinken (*Trinke schon seit 2 Jahren kontrolliert)*
- **Vermeiden** von Anlässen, bei denen viel getrunken wird (Karneval, Festivals)
- Teilnahme an alkoholspezifischer (psychologischer) **Maßnahme**
- Beispiele für angewandte Lösungsstrategien nennen
- Neue, **abstinente** Freunde
- Neue Hobbys

Hypothese A3 Kriterium Nr. 1 **Ich trinke seit mindestens sechs Monaten kontrolliert.**	
Indikator	**erfüllt?**
Ich trinke im überschaubaren Rahmen und kann beschreiben: Trinkhäufigkeit ☐ Trinkmenge ☐ Trinksituationen ☐ Art der Getränke ☐ Zeitlichen Verlauf ☐	☐
Außerdem sind die Trinkanlässe und oben genannten Punkte in meinem Trinktagebuch vermerkt. Das **Tagebuch** bringe ich **mit zur MPU**	☐
Ich **vertrage weniger** Alkohol und spüre bereits kleinste Mengen Kontraindikatoren: Bei meinen letzten Trinkanlässen... Habe ich, obwohl ich 0,5 Promille erreicht habe, keine Alkoholwirkung gespürt Dieselbe Wirkung gespürt wie früher	☐
Ich trinke deutlich weniger häufig als früher	☐
Ich trinke **risikoarm** (maximal 24g/Mann bzw. 12g/Frau pro Trinkanlass)	☐

<table>
<tr><td>Ich trinke seit mindestens 6 Monaten, besser 12, kontrolliert</td><td>☐</td></tr>
<tr><td>Ich habe Situationen, in denen ich früher viel Alkohol getrunken habe, mit dem neuen Trinkverhalten erlebt und mich an meine Vorsätze gehalten. Ich nenne Beispiele</td><td>☐</td></tr>
<tr><td>Ich halte mich konsequent an meine Vorsätze
<table>
<tr><td>Kontraindikatoren:</td></tr>
<tr><td>Ich verlasse mich bei der Entscheidung Weitertrinken oder Aufhören auf meine Sinne</td></tr>
<tr><td>Mein Trinkverhalten kann von anderen Personen oder Ereignissen beeinflusst werden</td></tr>
</table></td><td>☐</td></tr>
<tr><td>Ich habe meine Lebensgestaltung verändert.
Ich habe...:
<table>
<tr><td>Neue Hobbys, oder alte reaktiviert</td><td></td></tr>
<tr><td>Einen veränderten Tagesablauf</td><td></td></tr>
<tr><td>Eine andere Freizeitgestaltung</td><td></td></tr>
<tr><td>Eine gesündere Lebensweise</td><td></td></tr>
</table></td><td>☐</td></tr>
<tr><td>Ich fühle mich besser, gesünder und fitter.
Das äußert sich z.B. durch
<table>
<tr><td>Veränderten Appetit</td><td></td></tr>
<tr><td>Verbessertes Gewicht</td><td></td></tr>
<tr><td>Verbesserten Schlaf</td><td></td></tr>
<tr><td>Verbesserte Kondition</td><td></td></tr>
<tr><td>Verringerte Nervosität</td><td></td></tr>
</table></td><td>☐</td></tr>
</table>

Hypothese A3 Kriterium Nr. 2 **Ich bin zur dauerhaften Verhaltensänderung motiviert, da ich mir meinem Problem bewusst bin. Mit dem neuen Trinkverhalten habe ich gute Erfahrungen gemacht.**	
Indikator	**erfüllt?**
Ich sehe das **Gefährdungspotential** in Alkohol und akzeptiere die Notwendigkeit einer Reduzierung Kontraindikatoren: Lediglich **vordergründige Motive** zum kontrollierten Trinken: Ich trinke kontrolliert wegen der MPU Ich trinke kontrolliert, weil mein Anwalt/ MPU Berater dazu geraten hat Eine Alkoholfahrt kann jedem mal passieren 1,6 oder mehr Promille sind im geselligen Rahmen doch üblich Oberflächlich triviale Gründe: *„Alkohol schmeckt mir einfach nicht mehr"* *„Trinken bringt ja eigentlich nichts"* *„Es geht auch ohne Alkohol"* *„Einmal muss ja auch Schluss mit dem Trinken sein"*	☐
Ich verzichte wegen einer (befürchteten) Erkrankung, obwohl sie wahrscheinlich nicht mit dem Alkohol in Verbindung steht	☐

<table>
<tr><td>Ich befolge den Rat meines Arztes auf Alkohol zu verzichten bzw. den Konsum zu reduzieren</td><td>☐</td></tr>
<tr><td>Ich habe den Zusammenhang zwischen belastenden Situationen und erhöhtem Alkoholkonsum erkannt
<table>
<tr><td>Kontraindikator:</td></tr>
<tr><td>Trotz aller Vorsätze habe ich in Ausnahmesituationen wieder mehr getrunken</td></tr>
</table></td><td>☐</td></tr>
<tr><td>Meine Probleme mit Alkohol zu betäuben, löst diese auch nicht</td><td>☐</td></tr>
<tr><td>Ich habe erkannt, dass es früher öfter zu vermehrtem Alkoholkonsum kam, wenn es mir schlechter ging</td><td>☐</td></tr>
<tr><td>Für aufreibende, beanspruchende Situationen habe ich neue Lösungsstrategien entwickelt</td><td>☐</td></tr>
<tr><td>Ich habe neue persönliche Interessen und dadurch auch neue Sozialkontakte geknüpft</td><td>☐</td></tr>
<tr><td>Ich habe positive Erfahrungen mit kontrolliertem Trinken gemacht
Ich habe....
<table>
<tr><td>Akzeptanz und Unterstützung erfahren</td><td></td></tr>
<tr><td>Mehr Arbeitsmotivation</td><td></td></tr>
<tr><td>Neue Hobbys</td><td></td></tr>
<tr><td>Meinen Freundeskreis verändert</td><td></td></tr>
</table></td><td>☐</td></tr>
</table>

Ich habe erfreulicherweise **neue Leute** kennengelernt, was ich auch auf meinen veränderten Alkoholkonsum zurückführe	☐
Falls eine psychologische oder ähnliche Maßnahme besucht wurde: Ich beschreibe die dort erlernten Verhaltensweisen und die Änderung meiner Einstellung	☐
Ich fühle mich psychisch **verändert** Ich habe mehr Interesse / Anteilnahme ☐ Ich fühle mich ausgeglichener ☐ Ich kann mich besser konzentrieren ☐	☐
Diese Verhaltensänderungen habe ich min. 6 Monate erprobt	☐

<u>Hypothese A3 Kriterium Nr. 3</u>

Einiges in meinem Leben hat sich positiv verändert. Dank neu erlernter Strategien und tiefgreifender Verhaltensänderung bin ich zu einem stabilen kontrollierten Trinkverhalten motiviert.

Indikator	**erfüllt?**
Ich erkläre, **warum** ich meinen Alkoholkonsum dauerhaft **verändert** habe und nenne nachvollziehbare Gründe Kontraindikatoren: Die Veränderung wird als nur vorübergehend eingeschätzt	☐

Ich trinke weniger wegen dem neuen Job Ich trinke nur wegen einer akuten, nicht dauerhaften Erkrankung weniger	
Ich kann mit (negativen) **Kommentaren** zu meinem Trinkverhalten **umgehen** (und nenne ein Beispiel)	☐
Ich nenne auch andere **Beispiele**, in denen ich **vernünftige** Konzepte durchsetze, z.B.: Wie ich berufliche Weiterentwicklung erreichen möchte Meine finanzielle Vorsorgeplanung eingerichtet habe Mich an mein Gesundheitsprogramm halte	☐
Ich verfüge über ausreichend Selbstvertrauen, um auch in **sozialen Verführungssituationen** (*Komm, trink doch einen mit uns!*) meinen Vorsätzen treu zu bleiben. Dafür nenne ich ein **Beispiel** Kontraindikatoren Ich gebe Hinweise auf eine Selbstsicherheitsproblematik oder Verführbarkeit In Gesellschaft fühle ich mich unwohl Neue Leute kennenzulernen, bereitet mir Stress Ich kann schlecht nein sagen Es fällt mir schwer, ein angebotenes Getränk auszuschlagen	☐
Ich nenne meine **Lösungsstrategien** für Situationen mit **Gruppendruck** zum Alkohol trinken	☐

<table>
<tr><td>Ich vermeide Anlässe, bei denen es vordergründig um "Saufen" geht, mit beispielsweise Stiefel-Trinken oder Exen</td><td>☐</td></tr>
<tr><td>Mein Beruf oder berufliches Umfeld, die zum problematischen Trinkmuster führten, haben sich geändert, oder an Einfluss verloren</td><td>☐</td></tr>
<tr><td>Problematische familiäre / partnerschaftliche/ wohnräumliche/ oder freizeitbezogene Verhältnisse habe ich aktiv verändert und verbessert</td><td>☐</td></tr>
<tr><td>Meine private Situation hat sich verbessert, z.B. wegen
<table>
<tr><td>Scheidung</td><td></td></tr>
<tr><td>Glücklicher neuer Partnerschaft</td><td></td></tr>
<tr><td>Neuer Job</td><td></td></tr>
</table></td><td>☐</td></tr>
<tr><td>Finanzielle Schwierigkeiten und Sorgen, die ich durch Trinken vergessen konnte, sind überwunden bzw. geregelt</td><td>☐</td></tr>
<tr><td>Ich nehme weniger häufig an geselligen Anlässen teil, die zum Trinken führten
<table>
<tr><td>Kontraindikatoren:</td></tr>
<tr><td>Ich habe keine alternativen Freizeitbeschäftigungen aufgenommen</td></tr>
<tr><td>Ich fühle mich einsam/ einsamer als früher</td></tr>
<tr><td>Ich langweile mich häufig</td></tr>
</table></td><td>☐</td></tr>
</table>

<table>
<tr><td>Ich habe mich bewusst vom Trinkfreundeskreis distanziert und andere Freizeitaktivitäten entwickelt</td><td>☐</td></tr>
<tr><td>Ich habe ein (größeres) stabiles Selbstwertgefühl entwickel</td><td>☐</td></tr>
<tr><td>Ich verfüge über angemessene Selbstwirksamkeitserwartung
<table>
<tr><td>Mein Verhalten kann gewünschte Effekte erzielen</td><td></td></tr>
<tr><td>Durch X kann ich Y erreichen</td><td></td></tr>
<tr><td>Durch die konsequente Einhaltung meiner Ernährung und Vorsätze werde ich meinen Wunschkörper erreichen</td><td></td></tr>
</table></td><td>☐</td></tr>
<tr><td>Ich habe schwierige, belastende Situationen bewältigt, z.B. durch:
<table>
<tr><td>Gespräche</td><td></td></tr>
<tr><td>Ausgleichssport</td><td></td></tr>
<tr><td>Entspannungsübungen</td><td></td></tr>
<tr><td>Danach fühlte ich mich erleichtert</td><td></td></tr>
<tr><td>Das hat mich wieder auf den Teppich gebracht</td><td></td></tr>
</table></td><td>☐</td></tr>
<tr><td>Ich verfüge über verschiedene Verhaltensstrategien für verschiedene belastende Situationen z.B.:
<table>
<tr><td>In der Partnerschaft</td><td></td></tr>
<tr><td>Am Arbeitsplatz</td><td></td></tr>
<tr><td>Im Straßenverkehr</td><td></td></tr>
</table></td><td>☐</td></tr>
</table>

<table>
<tr><th colspan="2"><u>Hypothese A3 Kriterium Nr. 4</u>

Ich bin in der Lage den Trink-Fahrkonflikt effektiv zu vermeiden. Das bedeutet ich fahre nur nüchtern und kann diesen Vorsatz auch durchsetzen.</th></tr>
<tr><th>Indikator</th><th>erfüllt?</th></tr>
<tr><td>Ich sehe ein, dass der aktenkundige Unfall oder Fahrfehler alkoholbedingt war

Kontraindikator:
Ich behaupte, dass ich mein Fahrzeug noch sicher führen konnte, obwohl mein BAK über absoluter Fahruntüchtigkeit (1.1 Promille) la</td><td>☐</td></tr>
<tr><td>Ich halte mich zuverlässig an Vorsätze, die ich mir mache (auch außerhalb des Straßenverkehrs)</td><td>☐</td></tr>
<tr><td>Ich bin nicht leicht beeinflussbar</td><td>☐</td></tr>
<tr><td>Ich handle nie spontan, sondern stets überlegt</td><td>☐</td></tr>
<tr><td>Ich führe kein Fahrzeug (mehr), wenn ich alkoholisiert bin</td><td>☐</td></tr>
<tr><td>Ich plane meine Trinkanlässe so, dass mein Fahrzeug nicht am Ort des Trinkens steht, sondern dort, wo ich es am nächsten Tag brauche.</td><td>☐</td></tr>
<tr><td>Ich habe in den letzten 6 Monaten bereits erfolgreich Trinken und Fahren (von nicht fahrerlaubnispflichtigen Fahrzeugen) getrennt</td><td>☐</td></tr>
</table>

Ich kenne mich mit Alkohol, Alkoholwirkung und -Abbau im Körper aus. Dank beispielsweise der Widmark-Formel kann ich Restalkohol realistisch einschätzen und plane ausreichend zeitliche Reserven vor Fahrtantritt ein.	☐
Ich schildere meine Einsicht, die dazu geführt hat, dass ich heute, im Gegensatz zu früher, alkoholisierte Teilnahme am Straßenverkehr als nicht tolerierbares Risiko einschätze	☐

Hypothese A3 Kriterium Nr. 5

Ich trenne Alkoholkonsum und Fahrten strikt und kann erklären, wie ich die Trennung auch in schwierigen, oder unvorhergesehenen Situationen aufrechterhalte.

Indikator	**erfüllt?**
Ich trinke generell nur noch (sehr) selten	☐
Ich bin mir der **enthemmenden Wirkung** von Alkohol bewusst. Das berücksichtige ich besonders bei der Organisation des Heimwegs von Trinkanlässen.	☐
Ich habe **Vorsätze** zu möglichen, unvorhersehbaren **Ereignissen** und Abläufen gemacht	☐
Ich erläutere, wie ich bereits Trinken und Fahren getrennt habe (I.d.R. bei Fahrten mit Fahrrad oder E-Roller, da du vor der MPU ja keinen Führerschein hattest)	☐

<table>
<tr><td colspan="2"><h3><u>Hypothese A3 Kriterium Nr. 6</u></h3>Ich verfüge über ausreichend Wissen zu Alkohol und seiner Wirkung und kann meine BAK zuverlässig abschätzen bzw. berechnen.</td></tr>
<tr><td>Indikator</td><td>erfüllt?</td></tr>
<tr><td>Ich erkläre, wie ich pro Trinkanlass den Überblick über meinen Alkoholkonsum behalte (konkrete Vorsätze, Aufschreiben, Maximalplanung, alkoholfreies Getränk zwischendurch)

<table><tr><td>Kontraindikatoren:</td></tr><tr><td>Ich höre auf, wenn ich eine Wirkung spüre</td></tr><tr><td>Ich höre auf, wenn es nicht mehr schmeckt</td></tr><tr><td>Ich merke mir, was ich getrunken habe</td></tr></table></td><td>☐</td></tr>
<tr><td>Ich mache mir Gedanken zu Getränkeauswahl und Dauer des Anlasses: Beispiel: Hochzeit – 8 Stunden – wie viele Getränke kann ich trinken?</td><td>☐</td></tr>
<tr><td>Hohe Trinkmengen rechtfertige ich nicht allein mit der Situation oder Stimmung

<table><tr><td>Kontraindikatoren:</td></tr><tr><td>Ich stelle hohe Trinkmengen als untypisch, aber situationsangemessen dar</td></tr><tr><td>Eigentlich trinke ich nie so viel, aber an dem Abend war die Stimmung so gut</td></tr></table></td><td>☐</td></tr>
</table>

Allgemeine (Fang)fragen

Im Folgenden findest du wichtige Fragen, die auf dich zukommen könnten. In ähnlicher Form werden sie oft gestellt und es lohnt sich eine passende Antwort parat zu haben. Normalerweise kannst du auf alle Fragen einfach wahrheitsgemäß antworten, dennoch lohnt es sich zu verstehen, worauf sie abzielen.

Wie hast du dich vorbereitet?

Darauf kannst du ehrlich antworten und besonders auf deinen persönlichen Prozess verweisen. Mit dem Internet, diesem Buch, YouTube, den Onlinekursen von z.B. www.mpu-vorbereitung-digital.de. Es gibt viele Möglichkeiten. Der Sinn dieser Frage ist zu ergründen, ob du die MPU auch ernst genommen und dein Fehlverhalten reflektiert hast. Daher ist es nützlich darzulegen, dass du dich intensiv mit der Thematik befasst hast. Der bescheinigte Besuch eines Kurses beim Verkehrspsychologen deckt den Bereich übrigens vortrefflich ab. Daher wird oftmals empfohlen, solch einen Kurs zu besuchen.

Warum hast du keinen Vorbereitungskurs gemacht?

Nicht nötig, zu teuer, keine Zeit – sei einfach ehrlich. Aber auch hier musst du unbedingt darauf verweisen, dass du selbstständig die Problemeinsicht hattest und diese deinen persönlichen Prozess gestartet hat, an dessen Ende du ein veränderter, vollkommen fahrtauglicher Mensch geworden bist. Da du deinen Prozess durchlaufen hast, auf den du stolz bist und du überzeugst bist, dass es bereits jetzt, ohne Kurs, keine Zweifel an deiner Fahrtauglichkeit mehr gibt, machst du erstmal ohne einen speziellen Kurs die MPU.

Musstest du den Konsum steigern, um die gleiche Wirkung zu erzielen?

Das bedeutet immer eine Toleranzbildung. Und wenn der Körper eine Toleranz für Alkohol aufgebaut hat, dann hast du regelmäßig Kontakt zur Droge gehabt. Eine Toleranzbildung spricht für ein ausgeprägtes Konsummuster und rückt dich automatisch in Richtung Hypothese A2.

Trinkst du Alkohol?

Eine Frage, die fast immer kommt und fast immer zu verneinen ist. Du hattest deine Einsicht und möchtest in Zukunft aus den besprochenen Gründen verzichten. Falls du doch noch Alkoholkonsum zugeben möchtest (Hypothese [A2]/A3), muss er sich zwangsläufig im Rahmen des kontrollierten Trinkens bewegen. Also ab und an mal ein Bier oder ein Sekt zum Anstoßen – in jedem Fall musst du dann darlegen, dass du zu 100 % ausschließen kannst, alkoholisiert ein Fahrzeug zu führen. Das bedeutet für dich eine kategorisch anzunehmende 0,00 Promille Grenze.

Nimmst du andere Drogen?

Sofern es keine gegenteiligen Beweise gibt, ist diese Frage zu verneinen. Wenn du Drogenkonsum zugibst, bedeutet das im schlimmsten Fall gleich die nächste MPU wegen Drogen. Dazu gehört auch, ab und zu mal einen Joint zu rauchen. Auch Cannabis ist eine Droge, die deine Fahrtauglichkeit stark beeinflusst und Zweifel daran begründet.

Kiffen deine Freunde oder nehmen sie andere Drogen?

Achtung. Ein trinkfreudiges oder drogenaffines Umfeld bedeutet immer ein wenig zuverlässiges soziales Umfeld und potenziell gefährliche (Rückfall begünstigende) Situationen. Es ist lohnend, dich und dein Umfeld als fromme Schäfchen darzustellen.

Besuchst du Festivals, oder elektronische Tanzveranstaltungen?

Im Allgemeinen geht es um Anlässe, bei denen Alkoholkonsum im Vordergrund steht. Das sind auch Karnevalsfeiern, Schützenfeste, Kneipengänge. Als geläuterter MPUler mit einstigem Alkoholproblem solltest du dich von solchen Situationen fernhalten. Eben, damit überhaupt keine risikoreiche Situation entsteht. Falls du doch den Besuch solcher Festlichkeiten planst, musst du unbedingt passende Strategien parat haben, um dort Alkoholkonsum strikt vermeiden zu können.

Was machst du so in deiner Freizeit? Was machst du beruflich?

Du sollst einen Job und Hobbys haben. Denn ansonsten wird eventuell angenommen, dass du vor lauter Langeweile wieder mit dem Trinken anfängst. Außerdem üben Job und Hobbys sich positiv auf unser Gemüt aus und werden als stützende Erfolge erlebt. Ergo solltest du in der MPU über beides verfügen und darüber berichten können.

Wie reagierst du im Auto, wenn du merkst, dass du müde wirst?

Hier kannst du zeigen, dass du ein vernünftiger, fremdorientierter Autofahrer geworden bist. Und ein vernünftiger Autofahrer kennt den Einfluss von Müdigkeit auf die Fahrtauglichkeit und steuert unverzüglich einen Rastplatz an. Einen guten Autofahrer zeichnen übrigens die permanente Kontrolle über sein Fahrzeug, das Bewusstsein eigener Fähigkeiten, Schwächen und Grenzen und stetige Rücksicht auf andere Verkehrsteilnehmer aus. Das bedeutet, andere weder zu behindern noch zu bedrängen. Deine aktive bewusste Teilnahme am Straßenverkehr wird dir zukünftig helfen vorausschauend zu fahren.

Folgend findest du noch einige hypothesenspezifische Fragen. Du solltest aber unabhängig deiner Einordnung die Fragen lesen, da sie weitere Einblicke in die Wirkweise der MPU geben.

Fangfragen zu Hypothese A1: Alkoholsucht

Trinkst du alkoholfreies Bier?

Eine gefährliche Fangfrage. Intuitiv sollte man denken, dass alkoholfreies Bier kein Problem ist – es ist ja schließlich ohne Alkohol. Allerdings enthalten 9/10 als alkoholfrei deklarierte Biere dennoch Alkohol. Und diese geringen Mengen können eben deine Sucht wieder wecken. Daher musst du unbedingt darauf verzichten.

Wie sieht es mit Pralinen und Schwarzwälder Kirschtorte aus?

Dasselbe wie für alkoholfreie Biere gilt für alkoholhaltige Speisen. Die hast du aus den bekannten Gründen ein für alle Mal aus deinem Speiseplan verbannt.

Wie schätzt du dein Rückfallrisiko ein?

Hier solltest du eine reflektierte, ehrliche Einschätzung abgeben. Am besten ist ein sehr geringes, aber vorhandenes Risiko. Denn das Risikobewusstsein hilft dir, immer achtsam zu sein und sensibel mit dir und deinem Inneren umzugehen. Du wirst dir also ständig deine Strategien ins Bewusstsein rufen, um dem Alkohol fernzubleiben. Behauptest du hingegen, es gäbe kein Rückfallrisiko, könnte dieser Hochmut das Einfalltor für einen Rückfall sein.

Fangfragen A2: Alkoholmissbrauch

Trinkst du alkoholfreies Bier?

Eine gefährliche Fangfrage. Intuitiv sollte man denken, dass alkoholfreies Bier kein Problem ist – es ist ja schließlich ohne Alkohol. Allerdings enthalten 9/10 als alkoholfrei deklarierte Biere dennoch Alkohol. Und eben diese geringen Mengen möchtest du bereits vermeiden – du hast ja schließlich beschlossen, nie wieder Alkohol zu konsumieren. Daher musst du unbedingt darauf verzichten.

Wie sieht es mit Pralinen und Schwarzwälder Kirschtorte aus?

Dasselbe wie für alkoholfreie Biere gilt für alkoholhaltige Speisen. Die hast du aus den bekannten Gründen ein für alle Mal aus deinem Speiseplan verbannt.

Fangfragen A3: Alkoholgefährdung

Wie äußert sich der Konsum einer Flasche Bier? Spürst du diesen bereits?

Die Antwort ist ja – denn mittlerweile hast du überhaupt keine Alkoholtoleranz mehr. Die wirkungsrelevante Menge ist im Vergleich zu früher deutlich gesunken. Das bedeutet du spürst mittlerweile selbst den Konsum von kleinen Mengen. Die Wirkung von Alkohol solltest du für deine A3 MPU mittlerweile sowieso gut kennen! Ansonsten lässt sie sich als euphorisierend, wohlstimmend beschreiben. Ein leicht verengtes Sichtfeld, gesteigerte Kontaktfreude, Reaktions- und Wahrnehmungsstörungen sind möglich.

Wann hörst du mit dem Trinken auf?

Spätestens, wenn du dein dir vorher gesetztes Ziel erreicht hast! Du hast, bevor du das Ereignis aufgesucht hast, entschieden, dass dies ein Trinktag wird – und deinen Alkoholkonsum entsprechend geplant. Selbstredend darfst du auch aufhören, bevor du deine zwei Biere getrunken hast.

Wie oft trinkst du?

Selten, selten, sehr, sehr selten. Maximal 10x im Jahr. Die Grenze ist nicht klar definiert, aber gerade deshalb lautet die Devise sehr, sehr selten zu besonderen Anlässen. In jedem Fall sollte dein Konsum mit besonderen Ereignissen verknüpft und auf **gar keinen Fall** regelmäßig, z.B. jeden 1. Samstag im Monat, stattfinden.

Kapitel 6: Eine Beispielgeschichte

Du hast deine Vorbereitung fast abgeschlossen. Deine Geschichte hast du nun zumindest in Stichworten vollständig aufgeschrieben. Bevor du zur MPU gehst, solltest du deine persönliche Geschichte und deinen Veränderungsprozess auch schon einmal ausformuliert und engen Freunden oder deinem Partner erzählt haben. Damit du ein besseres Bild von so einer ausformulierten Geschichte bekommst, findest du hier eine Beispielgeschichte aus einer Alkohol-MPU.

Du findest über den Absätzen jeweils die Kapitelüberschrift aus dem Buch, damit du erkennen kannst, welcher Teil der Vorbereitung hier am ehesten greift. Bedenke: Die MPU ist ein offenes, fließendes Gespräch, in der kein fixer Fragenkatalog abgearbeitet wird. Daher kann man einzelne Fragen und Antworten durchaus mehreren Kapiteln zuordnen. **Dick markiert** sind typische Fragen von Verkehrspsychologen in der MPU. *Kursiv markiert* sind die Antworten des Klienten. In Klammern dahinter findest du Anmerkungen, welche Teile der Antwort aus welchen Gründen besonders wichtig sind.

Der Klient: Männlich, 29 Jahre, 114 kg, 2,4 Promille, erwischt auf dem Fahrrad. Der Klient könnte wegen der Auffälligkeit auf dem Fahrrad Hypothese A4 zugeordnet werden, auf Grund des hohen Promillewerts und der persönlichen Vorgeschichte wurde er jedoch Hypothese A2 – Alkoholmissbrauch zugeordnet.

Erster Teil: Was war früher?

Wissen Sie, warum Sie hier sind?

Um die begründeten Zweifel an meiner Fahrtauglichkeit zu beseitigen.

[Diese Frage wird immer gestellt. Darauf gibt es diese eine perfekte Antwort. Denn, indem der Klient die Zweifel „begründet" nennt, stellt er klar, dass er die Anordnung der MPU akzeptiert und diese Zweifel durchaus berechtigt waren. Außerdem ist diese Antwort ein Hinweis, dass man sich auf die MPU vorbereitet hat. Ein vorbereiteter Klient hat die MPU offensichtlich ernst genommen und sich mit der Thematik beschäftigt.]

Begründete Zweifel? Warum gab es die denn?

Weil ich betrunken ein Fahrzeug im Straßenverkehr geführt habe. Damit habe ich nicht nur mich, sondern auch andere Personen gefährdet. Ich bin froh, niemanden verletzt zu haben, aber begründet waren die Zweifel allemal.

[Hier sammelt der Klient gleich doppelt Pluspunkte: Er zeigt Einsicht und Reue. Außerdem, dass er sich mit der Trunkenheitsfahrt und den möglichen Konsequenzen auseinandergesetzt hat. Zudem gibt er zu, dass die Zweifel berechtigt waren, er hat also akzeptiert und eingesehen, dass das damalige Verhalten falsch war. Aus dieser Einsicht kann eine Veränderung des Verhaltens werden. Einsicht und Verhaltensänderung sind notwendig, um die MPU zu bestehen.

Minuspunkte gibt es, wenn man hier verharmlosen will, sich uneinsichtig zeigt, Taten und die damit verbundene Gefahr für sich und andere abstreitet, oder relativiert.]

Wie konnte es denn dazu kommen?

Ich habe mir einfach keine Gedanken über Trinken und Radfahren gemacht, haben ja alle so gemacht. Dass das ein unverantwortliches, gefährliches Verhalten war, habe ich irgendwie gar nicht realisiert. Das wahre Problem habe ich allerdings erst in meiner MPU-Vorbereitung verstanden – ich habe zu viel Alkohol getrunken und den Konsum nicht immer unter Kontrolle gehabt. Heute weiß ich, dass es Phasen in meinem Leben gab, in denen ich Alkohol missbraucht habe.

[Der Klient macht klar: Ich habe ein Problem mit Alkohol gehabt und das habe ich jetzt verstanden. Gemäß der Hypothese A2 hat der Klient Alkohol missbraucht – mit der Konsequenz in der MPU vollständigen Alkoholverzicht zu versprechen].

Wann haben Sie denn das erste Mal getrunken?

Mit 16 Jahren mit meinem Bruder das erste Bier. Wir sind in eine Kneipe gegangen. Da habe ich drei kleine Bier getrunken, die haben mir aber nicht wirklich geschmeckt. Trinken war für mich aber auch nicht wirklich attraktiv – denn ich habe hochklassig Handball gespielt. Trinken war im Team einfach nicht so in. Meine anderen Freunde waren zwar regelmäßig „saufen" – das war für mich aber auch auf Grund der Ausbildung zum Bäcker gar nicht möglich, da ich einen anderen Rhythmus hatte. Oft sind die Kumpels dann noch betrunken zu mir in die Bäckerei gekommen – das war lustig, hat mich aber eher abgeschreckt. Das enthemmte, unangebrachte Verhalten war mir oft unangenehm.

[Es wird präzise geantwortet. Damit beweist der Klient, dass er sich mit seiner Trinkvergangenheit auseinandergesetzt hat. Denn er beschreibt die Situationen, Alter, beteiligte Personen und Trinkmengen. Außerdem wird deutlich, dass der problematische Konsum nicht schon im frühen jugendlichen Alter, also jünger als 16, begonnen hat.

Minuspunkte gibt es, wenn man nur ungenau antwortet („Da muss ich erstmal überlegen. Das wird so vor 3 oder 4 Jahren gewesen sein…?"), oder euphorisch über Trinkeskapaden redet („Man! War das eine geile Zeit!"). Eine härtere Hypothese erreicht man, wenn man Alkoholkonsum in sehr jungem Alter oder Kontrollverlust zugibt.]

Und danach: Wie, wann, wo und mit wem? Und wie viele? Was wurde getrunken? Konsumieren Sie auch andere Drogen?

Das ging während der Ausbildung so weiter. Damals habe ich eigentlich gar nicht getrunken, ab und zu mal ein Feierabendbier oder beim Grillen ein Bier mit meinem Vater. Nie bis zur Trunkenheit, evtl. mal einen leichten Schwips. Andere Drogen habe ich nie konsumiert.

[Hier wird verdeutlicht, dass in der Jugend kein problematisches Konsummuster vorlag. Außerdem wird erklärt, keine Erfahrungen mit anderen Drogen zu haben. Das ist, sofern keine das Gegenteil beweisenden Akten vorliegen, empfehlenswert.

Minuspunkte kannst du eigentlich keine sammeln – Jede Vergangenheit ist okay, sofern sie angemessen aufbereitet wurde. Sollte hier allerdings über den regelmäßigen Konsum anderer Drogen, wie Kokain oder Cannabis berichtet werden, ist normalerweise auch ein 1-jähriger Abstinenznachweis von beiden Substanzen zu erbringen, um eine MPU zu bestehen. Näheres hierzu erfährst du in Kapitel 2.]

Mit 18 hatte ich die Ausbildung fertig und ging zur Bundeswehr. Dort habe ich meine Hemmschwelle zum Alkohol leider stark abgebaut, wir sind regelmäßig trinken gegangen. So 6-8 kleine Bier 1-2-mal die Woche. Manchmal auch dreimal. Beim Bund wurde viel und häufig getrunken. Hauptsächlich Bier, da kam auch ab und zu ein Jägermeister dazu. In Erinnerung geblieben ist mir noch der Dienstag, da gabs im „B54" für Soldaten alles zum halben Preis. Rückblickend habe ich damals das erste Mal ein problematisches Konsumverhalten an den Tag gelegt.

[Es wird nachvollziehbar aufgezeigt, wie sich der Alkoholkonsum gesteigert und verändert hat – bis hin zur Bewertung „problematisches Konsumverhalten". Weiterhin beschreibt der Klient Trinkhäufigkeit, Mengen und Situation detailliert.]

Problematisches Konsumverhalten? Inwiefern?

Ich habe mir gewissermaßen Mut angetrunken. Ich war der Einzige mit „nur" einem Hauptschulabschluss, die anderen hatten Abitur. Es fiel mir sehr schwer, nein zu sagen – durch den Alkohol konnte ich mich profilieren. Ich war größer und kräftiger und konnte mehr vertragen, das hat mir einen gewissen Respekt eingebracht. Außerdem habe ich „betrunken" vergessen, dass ich mich den anderen gewissermaßen unterlegen fühlte. Ich war selbstbewusster.

[Hier wird näher auf die Problematik eingegangen. Der Klient hat sich unterlegen und weniger wertig als seine Kameraden gefühlt. Durch den Alkohol war er selbstbewusster und konnte sich profilieren. Der Klient zeigt dem Psychologen mit diesen Aussagen, dass er verstanden hat, wie er Alkohol benutzt hat, um negative Gefühle zu betäuben. Für deine positive MPU musst du gewichtige Gründe für deinen Alkoholkonsum benennen.]

Nach der Grundausbildung war ich erst mal eine Zeit arbeitslos. Manchmal habe ich am Wochenende mit Freunden etwas getrunken, Schnaps hat mir zu der Zeit immer noch nicht wirklich geschmeckt. Dann habe ich 1.5 Jahre als Kurier gearbeitet, das bedeutet nachts um vier aufstehen. Unter der Woche habe ich gar nichts getrunken und auch am Wochenende sehr, sehr selten. Außerdem habe ich in der Zeit mein Abitur nachgeholt und angefangen zu studieren.

[Der Klient erzählt frei, offen und ungehemmt aus seiner Vergangenheit. Dabei beschreibt er detailliert und ohne zu beschönigen seine Trinkhistorie.

Minuspunkte gibt es, wenn du auf diese Fragen nicht vorbereitet bist und für deine Antworten überlegen musst, oder widersprüchliche Angaben machst.]

Im Sommer 2017 habe ich dann eine Hodenkrebsdiagnose erhalten. Vier Tage später wurde ich bereits operiert – mit 25 Jahren ein scheiß Gefühl, die Intimität der Krankheit, die damit verbundenen Sorgen jemals noch Frauen anzusprechen, evtl. keine Kinder mehr zeugen zu können oder zu sterben. Und ich habe mit niemandem darüber geredet. Besonders schrecklich ist die Erinnerung an meine weinende Mutter, nachdem ich von der Diagnose erzählt habe. In den zwei Folgejahren musste ich regelmäßig zur Nachuntersuchung. Blutproben alle 1-2 Monate, MRT, Ultraschall. Die Erfahrungen aus dem Untersuchungszimmer... Einmal saß dort ein 12-jähriges Mädchen mit Glatze. Diese Zeit hat mir sehr zugesetzt, im Oktober habe ich sogar mein Studium abgebrochen. In der Zeit habe ich auch immer häufiger getrunken. 2-3x die Woche, über die Nacht verteilt 12 kleine Bier, hin und wieder einen Shot, oder einen Longdrink. Mittwochs und samstags waren wir eigentlich immer raus.

[Hier erläutert der Klient, wie sich das problematische Konsummuster entwickeln konnte: Zum einen der äußere Grund „Krankheit", also die Krebsdiagnose. Ferner die damit verbundenen inneren Gründe, also Ängste und Sorgen. Außerdem kamen Stress, Angst und der Misserfolg im Studium hinzu. Es wird erläutert, dass häufiger und mehr getrunken wurde, und sich das Pensum steigerte.]

Im Sommer 2019 habe ich dann ein neues Studium angefangen: Soziale Arbeit. Da gab es die erste fachliche Auseinandersetzung mit der Thematik: Seminare zu Sucht, zu Drogen. Das hat den Anstoß gegeben meinen eigenen Konsum zu hinterfragen. Hinzu kam Ende des Jahres die Diagnose krebsfrei. Damit verbunden war auch ein absehbares Ende der Nachuntersuchungen.

[Es ist wichtig zu betonen, dass es einen AHA-Moment der Einsicht gab. Das kann die Trunkenheitsfahrt selbst gewesen sein. Oder ein Moment während der MPU-Vorbereitung. Oder, wie hier im Beispiel, ein glücklicher Zufall. In jedem Fall wurde mit diesem Moment der Einsicht begonnen, das Trinkverhalten kritischer zu sehen und zu hinterfragen.]

<u>Zweiter Teil: Was war am Tag der Trunkenheitsfahrt?</u>

Und was ist passiert, als Sie im Straßenverkehr auffällig wurden?

Wir haben ein Auswärtsspiel gehabt und gewonnen. Dann haben wir schon in der Kabine mit Bier trinken angefangen. Anschließend sind wir erst in unser Stammlokal und später in die Stadt zum Feiern. Über den Abend verteilt habe ich 10 große Bier, zwei Longdrinks und einige Shots getrunken. Dann habe ich mich mal wieder aufs Fahrrad gesetzt, um nach Hause zu fahren. Das war ca. gegen 3.30 Uhr und auf dem Weg bin ich von einer Streife auf Alkohol kontrolliert worden. Mit über 2,4 Promille. Nach der Trunkenheitsfahrt war ich erstmal sauer, dass der Führerschein weg war. Ich habe mein eigenes Verhalten auch ein wenig relativiert, denn ich war ja schließlich "nur" Fahrrad gefahren.

[Der Tag, an dem man erwischt wurde, wird auch in der MPU besprochen. Man sollte den Tathergang erklären können, wann man angefangen hat zu trinken und wie viel getrunken wurde. Achte unbedingt darauf, dass deine angegebene Menge auch die gemessene BAK erklären kann. Das berechnest du am einfachsten mit einem Rechner aus dem Internet.]

Dritter Teil: Was ist heute?

Wie stehen Sie heute zu diesem Vorfall?

Mit dem Studium und den Seminaren zu Drogen und Sucht habe ich mein eigenes Verhalten stark hinterfragt. Das war Ende 2020. Nach einer gewissen Reflektionsphase, in der ich mich viel mit den Fakten auseinandergesetzt habe, habe ich Übereinstimmungen erkannt und mir ein problematisches Konsummuster eingestanden. Hinzu kam auch die Trunkenheitsfahrt. Nicht nur, dass ich eine Straftat begangen habe. Mir wurde klar, dass ich im Endeffekt auch mein Leben und das Leben anderer gefährdet habe. Gott sei Dank ist nichts passiert, dennoch bereue ich früher so verantwortungslos gehandelt zu haben.

[Es ist wichtig, die Einsicht zu begründen. Der Klient hat - angestoßen durch die Trunkenheitsfahrt und Kurse im Studium – intensiv über seinen Konsum nachgedacht. Er hat erkannt, etwas falsch gemacht zu haben und sich und andere mit verantwortungslosem Verhalten (dem nicht Trennen von Alkoholkonsum und Fahren) gefährdet zu haben. Außerdem gibt er zu, sein früheres Verhalten zu bereuen.]

Im Zuge der Einsicht habe ich versucht, meinen Alkoholkonsum zu begrenzen. Erst auf 2-3-mal im Monat, später nur noch zu besonderen Anlässen. Mannschaftsfeiern, Geburtstage etc. Dann war ich in Indonesien, einem muslimischen Land im Urlaub und habe gemerkt, es geht auch ganz ohne. Das war im Sommer 2022, für drei Wochen. Nach dem Urlaub habe ich komplett aufgehört zu trinken. Im Studium lief es da schon gut, nebenbei habe ich eine kleine Firma mit zwei Freunden gegründet. Es lief zu der Zeit alles glatt, ich war erfolgreich im Studium und bei der Arbeit, fühlte mich körperlich fitter und war auch besser gelaunt.

[Der Klient berichtet über die Veränderung des Trinkverhaltens und den Entschluss zur Abstinenz. Die positiven Aspekte der Abstinenz werden betont: Erfolg im Studium, bei der Arbeit, die bessere körperliche Kondition und mehr Zufriedenheit.]

Irgendwann erzählte ein Freund, dass er sich ein neues Auto gekauft habe und da dachte ich „Mensch, eigentlich könntest du dir deinen Führerschein auch wiederholen“, habe meinen Abstinenznachweis begonnen und jetzt bin ich hier, bei Ihnen, und erkläre, warum es keine begründeten Zweifel mehr an meiner Fahrtauglichkeit gibt.

[Keinesfalls sollte man in der MPU zugeben diese nur ablegen zu wollen, um den Führerschein zurückzuerhalten. Selbstredend geht jeder nur deswegen zur MPU – zugeben tut man das aber nicht. Man ist dort, um sich selbst noch einmal eine Bestätigung zu holen, einen positiven Wandel erlebt zu haben. Man ist stolz auf sich und seine Veränderung und freut sich das noch einmal mit einem Gutachten schriftlich bestätigt zu bekommen.]

Vierter Teil: Was ist in Zukunft?

Und in Zukunft? Wollen Sie da wieder trinken?

Nein. Auf Grund meiner Vorgeschichte möchte ich in Zukunft auf Alkohol verzichten. Es geht mir, seitdem ich nicht mehr trinke, körperlich, beruflich und psychisch einfach deutlich besser. Diese Fortschritte möchte ich nicht aufs Spiel setzen. Vielleicht werde ich irgendwann einmal zu besonderen Anlässen mal wieder mit maximal einem Glas Sekt anstoßen. Allerdings nur in Situationen, wo ich ohne Fahrzeug bin und dadurch sicher vermeiden kann unter Alkoholeinfluss zu fahren. In jedem Fall möchte ich meinen Umgang mit Alkohol nie wieder problematisch werden lassen.

[In der Alkohol-MPU ist es eigentlich immer unabdingbar zukünftigen Alkoholkonsum zu verneinen und kategorisch abzulehnen. In jedem Fall empfiehlt es sich nicht, zuzugeben, dass man wieder Bier o.ä. trinken möchte. Das höchste der Gefühle ist mal ein Glas zum Anstoßen, aber auch nur unter der Prämisse, dies im vollen Bewusstsein der Gefahren zu tun – eben im Rahmen des kontrollierten Trinkens]

Fünfter Teil: Notfallstrategien?

Und wenn z.B. eine weitere Krebsdiagnose käme, oder die Firma pleitegeht?

Auch dann bin ich optimistisch, nicht in alte Gewohnheiten zu verfallen. Denn ich habe gelernt, dass Alkohol nicht die Lösung ist, um Probleme zu bewältigen. Ich habe den Sport wiederentdeckt und gelernt, mich zu öffnen. Grundsätzlich fällt es mir jetzt leichter, über alles zu reden. Vor ein paar Monaten ist mein Großvater gestorben, mit ihm habe ich vor allem in meiner Kindheit viel Zeit verbracht. Statt wie evtl. früher mit Kumpels in die Kneipe zu gehen und den Kummer zu ertränken, habe ich das Gespräch mit meinem besten Freund gesucht. Wir schwelgten in Erinnerungen und ich habe viel geweint – doch anschließend ging es mir viel besser. So konnte ich auch in der schwierigen Zeit eine Stütze für meine Oma sein, worauf ich im Nachhinein stolz bin.

[Der Klient beweist mit seinen Aussagen, dass das Verhalten gefestigt ist. Er hat Strategien (Mit bestem Freund reden) entwickelt, um schwierige Situationen zu meistern. Die neue Lösungsstrategie ist außerdem wirksamer als früherer Alkoholkonsum.]

Sollte es doch einmal wieder schwieriger werden, werde ich mir auf jeden Fall professionelle Hilfe von einem Psychologen suchen. Ich habe meinen besten Freund und meine Mutter gebeten mit darauf zu achten und das Gespräch zu suchen, sollte ihnen Veränderungen bei mir, vor allem, was das Trinkverhalten angeht, auffallen.

[Hier verdeutlicht der Klient nochmal, wie ernst es ihm ist. Er hat eine wirksame Notfallstrategie entwickelt. Außerdem hat er sein näheres Umfeld über die Problematik informiert.]

Wie kann ich dir noch helfen?

Ich biete neben der Komplettvorbereitung auch Einzelleistungen an und du bist herzlich eingeladen, einmal auf meiner Webseite vorbeizuschauen. Ich biete dir u.a.:

Komplettvorbereitung MPU

Mein Komplett-Vorbereitungs-Kurs für die MPU (nur Drogen & Alkohol). Per Video-Beratung oder Telefonat lernst du bequem von zu Hause, wie du deine MPU bestehst. Wir erarbeiten deine persönliche Geschichte nach den erforderlichen Kriterien und bereiten dich explizit auf dein Psychologengespräch vor. Du hast optional die Möglichkeit den Kurs mit einer Probe-MPU abzuschließen.

Gruppenkurs Alkohol-MPU

Der Gruppenkurs zur Vorbereitung auf die Alkohol-MPU findet online, vierteljährlich an einem Wochenende, Samstag & Sonntag von 17:00-17:00 Uhr statt. Gemeinsam lernen & erarbeiten wir unsere persönlichen Geschichten für die MPU. Im Anschluss erhält jeder Teilnehmer ein individuelles Abschlussgespräch zur Evaluierung & möglichen Verbesserung der aufbereiteten Geschichte.

Story Check-Up

Der Story Check-Up beinhaltet das Überprüfen deiner vorformulierten Geschichte. Ich überprüfe also deine mit Hilfe des Buches erstellte Geschichte und gebe dir wertvolle Hinweise und Verbesserungsvorschläge. Abschließend kontrolliere ich deine vorbereitete Geschichte auf alle für deinen Fall relevanten Kriterien und Indikatoren und gebe meine persönliche Einschätzung zu deiner persönlichen MPU-Geschichte ab.

Auswertung negatives Gutachten

Hast du bereits eine MPU abgelegt und bist durchgefallen, können wir dein Gutachten überprüfen und dir erklären, was du verändern und verbessern musst, um beim nächsten Mal ein positives Gutachten zu erhalten.

Kapitel 7: Kurz vor der MPU

Dieses Kapitel kannst du dir kurz vor deiner MPU noch einmal anschauen. Es erinnert dich an alles Wichtige auf einen Blick.

<u>Vor der MPU: woran muss ich denken?</u>

- ✓ Ich lasse beide Gutachten zu mir nach Hause schicken
- ✓ Ich mache überall die gleichen (Konsum-) Angaben
- ✓ Essen / Trinken (eine MPU kann bis zu 8h dauern)
- ✓ Ich bin gemäß den Grundkriterien freundlich, auskunftsbereit und aufgeschlossen
- ✓ Ich bin die Fangfragen nochmal durchgegangen
- ✓ Personalausweis
- ✓ Abstinenznachweis
- ✓ Falls kontrolliertes Trinken: Trinktagebuch
- ✓ Falls MPU-Vorbereitungskurs absolviert wurde: Zertifikat
- ✓ Falls Therapie gemacht wurde: Therapiebescheinigungen
- ✓ Falls Suchttherapie absolviert wurde: vollständiger Entlassungsbericht
- ✓ Falls externe Diagnose Alkoholsucht existiert: möglichst alle die Sucht betreffenden medizinischen Unterlagen

Checkliste: Bin ich bereit für die MPU?

Kriterium Nr. 1: Ich bin ausreichend vorbereitet und kenne meine persönliche MPU-Geschichte in- und auswendig	
Indikator	**Indikator erfüllt?**
Meine persönliche MPU-Geschichte ist fertig und **ausformuliert**	☐
Ich habe mich einer **Hypothese** A1-A3 **zugeordnet**	☐
Ich habe einen **Abstinenznachweis**	☐
Ich kann meine Geschichte anhand des roten Fadens **auswendig** erzählen	☐
Ich nenne meine (Problem)-**Einsicht**	☐
Ich nenne meine **Motivation** zur Veränderung	☐
Ich erkläre meine **Veränderung**	☐
Ich nenne meine **Lösungsstrategien**	☐
Ich nenne positive **Verbesserungen** seit der Veränderung	☐
Ich nenne zukünftig möglich **schwierige Situationen**	☐

Ich erkläre, wie ich die schwierigen Situationen **lösen** werde	☐
Ich nenne meine **Notfallstrategien**	☐
Ich kann die Geschichte vollständig auswendig wiedergeben und **habe sie bereits** mindestens einer Person **erzählt**	☐
Falls ich in A3 passe und die MPU mit kontrolliertem Trinken versuchen will:	☐

Ich bin mir bewusst, dass diese MPU sehr schwierig wird	
Ich habe mir umfangreiches Wissen zu Alkohol und seiner Wirkung angeeignet	

Ich wünsche dir von ganzem Herzen viel Glück, Spaß und Erfolg bei deiner MPU. Mach dich nicht wahnsinnig oder nervös – du bist gut vorbereitet.

Anschließend wünsche ich (wieder) viel Spaß im Straßenverkehr – aber bitte nur noch nüchtern, vorausschauend und rücksichtsvoll.

Sofern du Rechtschreibfehler findest, oder aus anderen Gründen Kontakt mit mir aufnehmen möchtest, schreib mir gerne eine E-Mail an Info@MPU-Vorbereitung-Digital.de .

Falls du doch noch unsicher bist, lade ich dich herzlich ein, einen Kurs, eine Probe-MPU, oder deinen persönlichen Story Check-Up auf www.mpu-vorbereitung-digital.de zu vereinbaren.

Persönliche Bitte

Wenn dir das Buch gefallen und bei deiner Vorbereitung geholfen hat, möchte ich dich bitten, eine Rezension zu verfassen und deine Bewertung zu hinterlassen. In den letzten Jahren sind leider sehr viele Bücher zum Thema aufgekommen, die sich in ihrer Qualität doch massiv unterscheiden. Dein Feedback hilft also nicht nur mir, sondern auch anderen in einer ähnlichen Situation, sich für das richtige Buch zu entscheiden.

Vielen Dank &

Mit den besten Grüßen

Maximilian Jonitz

Dieses Buch wurde in Übereinstimmung mit den GPSR-Richtlinien der EU zur Sicherheit von Produkten erstellt.

Die Verordnung über die allgemeine Produktsicherheit ist der aktualisierte Rahmen der Europäischen Union, um sicherzustellen, dass alle Verbraucherprodukte, einschließlich Bücher, für Verbraucher sicher sind.

Dieses Buch wurde von Libri Plureos GmbH gedruckt. Der Drucker hat Sicherheitszertifikate für die verwendeten Materialien wie Tinte, Papier und Kleber ausgestellt.

Die Produktkennung ist: 9789403648026

Der Autor ist für den Inhalt des Buches verantwortlich und hat das Buch von Bookmundo produzieren lassen.

Sollten Sie Fragen zur Sicherheit des Produkts haben, kontaktieren Sie uns bitte.

Bookmundo
Delftsestraat 33
3013AE Rotterdam
Die Niederlande
info@bookmundo.com